走路是靈藥，治百病的

對症健走自療法

西田潤子——著
葉廷昭——譯

ゼロから始める「医師が教える」ウォーキング

目錄 CONTENTS

前言 適合所有年齡的健走運動——10

PART 1

關於健走的9大QA

Q1 到底什麼是健走？——14
Q2 健走可分成幾類？——16
Q3 健走有什麼優點？——18
Q4 除了預防疾病，健走還有什麼好處？——20
Q5 白天健走好？還是晚上健走好？——22
Q6 健走時，要穿什麼服裝？——24
Q7 一天要走多少距離？——26
Q8 擔心自己沒時間健走……？——28
Q9 持之以恆的訣竅是什麼？——30

PART 2

20個基本健走知識

❶預防受傷的暖身運動——34
❷端正站姿，是正確健走的第一步——42
❸提高健走功效的三大要點——44
❹上坡時用全掌著地，以免跌倒——46
❺等紅綠燈時可短暫伸展，消除疲勞——48
❻避免疲勞累積的緩和運動——50
❼泡澡是消除疲勞的最佳方法——54
❽健走前、後的飲食方式——56
❾如何挑選合適的健走鞋？——58
❿健走鞋的正確穿法——60
⓫中階強度：長距離健走——62
⓬高階強度：運動式健走——64
⓭運動式健走的重心，如何移動？——66
⓮兩大穿衣原則：夏防暑、冬禦寒——68
⓯備妥防雨裝備，享受雨中漫步樂趣——70

⑯健走初學者適合什麼速度？——72
⑰如何提升健走的運動效果？——74
⑱手持物品的健走法——76
⑲老年人健走前，請先諮詢醫師——78
⑳撰寫健走日記，可提升幹勁——80

PART 3

15種對症健走法

【代謝症候群】從健走開始，養成運動習慣——86
【肥胖】從事健走，可消除內臟脂肪——90
【糖尿病】飯後一至兩小時健走，穩定血糖——94
【高血壓】請用能保持笑容的速度行走——98
【高血脂】遵守醫師指示的健走計畫——102
【脂肪肝】先輕鬆走，再慢慢增加強度——106
【痛風】請用非常輕鬆的步調行走——108
【腰痛・關節痛】配合伸展一起進行，能減緩疼痛——110

【骨質疏鬆症】一邊曬太陽一邊健走，效果最好——114
【失眠】睡前散步，製造適度疲勞感——118
【壓力】走出戶外，在大自然中享受健走——120
【憂鬱症】利用快慢交替的步速，刺激大腦——122
【癱瘓】健走，可降低腦中風的風險——124
【失智症】「行走」的命令，對腦部有刺激效果——128
【癌症】健走，是預防癌症的萬靈丹——129
● 善用健康檢查，打造更健康的身體——130

PART 4

10大常見健走不適症狀

❶受傷或疼痛時，請先休息觀察情況——136
❷長水泡多與鞋子和姿勢錯誤有關——138
❸請穿合腳的鞋子，避免腳破皮——140
❹背負重物健走，會造成肩頸痠痛——142
❺調配重心，可減少膝蓋衝擊——144

❻步距過大，會造成髖關節疼痛——146
❼勤做伸展運動，可預防抽筋——148
❽改用腹式呼吸，防止健走時過喘——150
❾積極補充水分，以免脫水中暑——152
❿留意體溫調節，避免失溫——154

PART 5

享受健走的7大方法

❶嘗試在日常生活中融入健走——158
❷配合自身興趣，尋找健走地點——160
❸利用小道具，增添新鮮感——162
❹報名健走活動，與同好互相交流——164
❺邀請親朋好友一起走，樂趣更多——166
❻安全又有訓練效果的北歐式健走——168
❼提高能量消耗的水中健走——170

想擁有健康的身體，
就從每天多走一點路開始。

適合所有年齡的健走運動

近年來，大家越來越關心生活習慣病了。

所謂的生活習慣病，顧名思義，是指平日不良生活習慣所造成的病痛。這是一種不容易察覺的恐怖疾病，置之不理話的會導致動脈硬化，最後引起中風或心肌梗塞等重症。事實上，肥胖、糖尿病、高血壓、高血脂、脂肪肝、痛風就是生活習慣病的代表。

生活習慣病的病因，主要來自暴飲暴食、運動不足、酗酒、抽煙等現代人常見的不良生活習慣；光靠藥物治療無法完全根治此疾病，治療的重點，就是改善飲食習慣和運動量不足的問題。

不過，現代人的工作忙碌，生活形態越趨便利，有電梯、手扶梯、捷運等可代替雙腳行走的工具發明，以致嚴重缺乏運動。雖然大家都知道非運動不可，卻又難以貫徹始終。相信不少人都沒辦法持之以恆地慢跑，或是上健身房鍛鍊吧！針對這樣的問題，身為醫師的我，強烈推薦大家用「健走」取代運動。

將健走融入生活，維持健康

一聽到健走這個字眼，有些人以為一定要走很遠，沒有運動習慣絕對辦不到。事實上，健走只要增加平時「步行」的動作量即可，做起來負擔較少，也容易養成習慣持續下去。

我的健走師父，已故的泉嗣彥先生（前社團法人健走協會副會長）生前說過，肯花心力多走一點路，就算沒有從事激烈的運動，也能改善生活習慣病。此外，他也提倡在日常生活中處理工作或家務時，盡量積極行走的「生活式健走法」。

生活式健走法，不拘泥距離、時間、速度，而是講求「盡量多走路」的健走方法，很容易融入日常生活中，進而養成習慣。相對於此，運動式健走需要決定目標定期鍛鍊，若不喜歡這種嚴厲鍛鍊或沒有運動習慣的人，不妨從生活式健走開始嘗試。

本書是為了有心健走，以改善健康的人所撰寫的。當中包含了暖身伸展、正確健走姿勢、選擇鞋子種類等基本知識，以及解決不同病症的有效健走法。本書第三章的十五種對症健走法，就是針對不同生活習慣病所提出的具體改善健走方案，若已經有相關慢性疾病困擾的讀者，不妨從第三章開始實踐。另外，已有健走經驗或習慣的讀者，若因為錯誤的方式導致受傷不適，本書也提供許多改善方法，一定可以幫各位消除後繼無力的原因，持之以恆地走下去。

請參考本書的內容實際健走看看，讓這項運動融入日常生活中吧！希望本書可以幫助各位預防或改善生活習慣病，共勉之。

西田潤子

PART 1

關於健走的 9 大 QA

相信不少人有心健走，卻遲遲無法付出行動吧？別擔心，本章將解說開始健走前，任何人都會有的常見問題。讓我們一起踏出勇敢的第一步吧！

Q 到底什麼是健走？

A 任何人都能做的健康運動

對於前來求診的生活習慣病患者，醫師提供的建議不外乎就是改善飲食習慣，以及在日常生活中從事適度的運動；健走就是一項「很適度的運動」。

所謂的健走，顧名思義就是走路的意思。過去，大家不認為正常速度的步行有益健康，但現在我們發現，以稍微會流汗的速度行走，就有充分的運動效果了。

另外，相對於健走，慢跑是指以輕鬆的速度跑步，快跑則是比慢跑更快的跑法。換言之，健走的進階是慢跑，慢跑的進階是快跑，以上三者的關係，只要這樣想就行了。

健走，是任何人都辦得到，且能有效改善健康的簡易運動。若考量到身體狀況，無法負荷強度太重的運動，不妨就先從健走開始嘗試吧！

Point

健走是一種比跑步輕鬆，
但也有助於改善健康的運動。

快跑、慢跑與健走的差異

快跑

以超越慢跑的速度奔跑，是三種方式中運動量最大的一種。

慢跑

以輕鬆的速度跑步，介於健走和快跑之間。

健走

等於行走，以會稍微流汗的速度步行，就有十足的運動保健效果。

任何人都辦得到，是最簡易的入門運動。

小叮嚀！ 沒有運動習慣的人，請不要直接嘗試慢跑或快跑，先從健走開始，再逐步提升速度或距離。

Q 健走可分成幾類？

A 主要有三大健走方式

健走雖然看似簡單，卻也有分成不同的種類。

健走主要分為一、運動式健走；二、長距離健走，以及已故的泉嗣彥先生提倡的三、生活式健走。

一、是運動型的健走，行走時保持一定的速度。不過，沒有運動習慣的人，比較難持續下去；此為進階健走。

二、是花時間進行長距離健走的模式，可以選擇山明水秀、名勝古蹟等景色優美的地方，享受健走的樂趣，同時放鬆心情，紓解壓力。

三、是在日常生活中積極健走。這個方法最大的特色在於，除了一般的健走運動外，在工作或處理家務時也能積極行走。儘管強度不高，但仍能確保一定的運動量。而第三種健走，就是任何人都能輕鬆實踐，養成習慣的初階健走。也就是說，最適合用來改善和預防生活習慣病，就是生活式健走的特徵。

Point

生活式健走，適合預防和改善各種生活習慣病。

健走的三大類別

❶運動式健走

運動型的健走模式。

・保持一定的速度行走。

・運動效果好，但沒有運動習慣的人很難持續下去。

❷長距離健走

步行距離較遠，花時間進行長距離健走的模式。

・行走時可欣賞美景，緩解壓力。

・不妨到名勝古蹟，或山名水秀景色優美的地方行走。

❸生活式健走

在日常生活中積極行走的模式。

・除了一般的健走運動外，在工作或處理家務時也可積極行走。

・雖然運動強度不高，卻能保有一定的運動量。

・任何人都能輕易實踐、養成習慣。

最適合預防和改善生活習慣病的方法！

Q 健走有什麼優點？

A 強健體魄、預防和改善疾病

健走，對於預防和改善生活習慣病，皆有很大的幫助，但健走的效果不僅限於此，以下我們整理一下其主要不同面向的四大功效吧！

一、醫學方面：有助改善肥胖、高血糖、高血脂等生活習慣病，以及骨質疏鬆和痛風等運動量不足所造成的病痛；這是近年健走倍受矚目的原因之一。

二、增強體力方面：健走能提

健走的四大功效

❶醫學方面

預防和改善運動不足造成的疾病。

❷增強體力方面

提升肌肉的耐久力，恢復、平衡身體機能。

❸心理方面

具有平復心情、消除壓力的放鬆效果。

❹社會效果

藉由健走活動認識同好，開拓視野。

健走有助改善各種疾病

高血脂

膽固醇和三酸甘油脂增加，會導致血液濃稠、血管阻塞，造成生命危險。

高血糖

血糖值一旦飆高，就容易引起各種可怕併發症。

肥胖

體脂肪超過一定標準，可能導致高血糖和高血壓。

骨質疏鬆症

骨骼密度下降，脆弱的骨骼容易骨折，跌倒受傷。

痛風

細胞代謝的尿酸囤積在關節中，就會造成強烈的疼痛。

健走，是最適合預防和改善運動量不足所引起的各種大小疾病！

高肌肉耐力，恢復人體平衡機能，預防跌倒或受傷。

三、心理方面：在景色優美、環境宜人的地方行走，有助調劑身心和放鬆心情。

四、社會方面：參加健走活動能認識同好。另外，時常在戶外健走，也有不少機會認識新朋友開拓人際視野。

Point

健走，是有益身心健康的好運動。

Q 除了預防疾病，健走還有什麼好處？

A 生活中會有許多意外的改變

養成健走習慣後，不但體力會變好，日常生活中也會有許多改變。

我們都知道，想要讓身體健康，就要多運動，而跑步和游泳雖然也是改善運動量不足的好方法，但從事這兩項運動，需要相當程度的準備。相對的，健走不太需要準備，隨時都可以進行，且日常生活中的行為，大部分都包含行走。換言之，健走不像其他運動那樣，一定要在合適的條件下才能進行。

此外，有了健走習慣後，會更加享受行走的樂趣，進而開始期待到戶外活動，而原本習慣花時間等電梯的人，也會直接爬樓梯。

到了這個地步，就可以說是健走帶來的意外效果了。因為養成健走習慣，而習慣活動身體，進而連帶使日常中沒有健走的時間，也會改爬樓梯、提前一站下車等，無形之中增加運動量。

Point

養成健走習慣後，會從一個不愛動的人，變得越來越好動。

利用健走改變生活

運動量的變化

【開始健走 1 周後】

早上開始健走，但還沒有養成習慣。

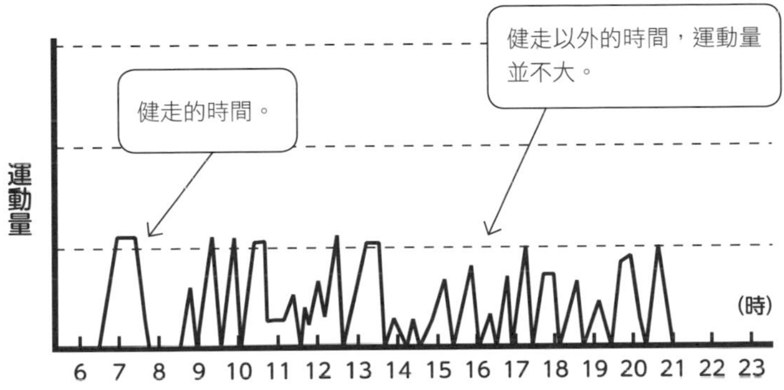
健走以外的時間，運動量並不大。
健走的時間。
運動量
(時)
6 7 8 9 10 11 12 13 14 15 16 17 18 19 20 21 22 23

【開始健走 3 個月後】

已養成健走習慣，化為日常生活的一部分。

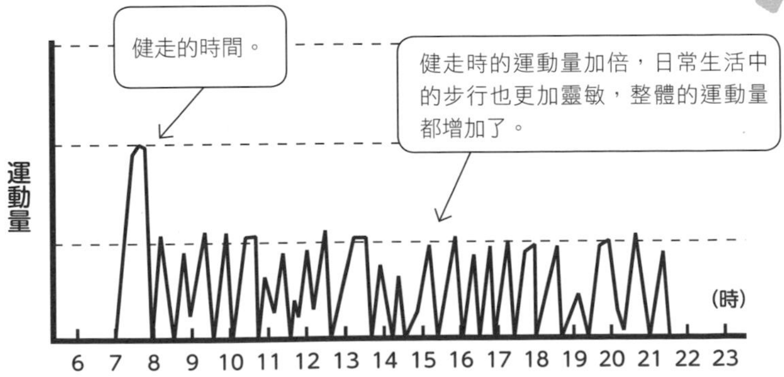
健走的時間。
健走時的運動量加倍，日常生活中的步行也更加靈敏，整體的運動量都增加了。
運動量
(時)
6 7 8 9 10 11 12 13 14 15 16 17 18 19 20 21 22 23

Q 白天健走好？還是晚上健走好？

A 基本上，什麼時候走都可以

原則上，最適合健走的時段是白天，因為這和自律神經（交感神經和副交感神經）的運作，有密切的關係。

我們早上醒來後，白天交感神經較為活躍，夜晚則是副交感神經較為活絡，兩者剛好是相反的作用關係。

交感神經是應對緊張的神經，而副交感神經則是放鬆的神經。交感神經活絡時，基礎代謝和能量消耗都會上升；反之，副交感神經活絡時，身體會抑制能量消耗，促進營養吸收或合成身體的建構組織。因此，若時間許可，建議大家選擇在白天健走，最為恰當。

不過各位也不必想得太複雜，如果白天沒時間或疲勞，選擇其他時間健走也可以。最重要的是養成走路的習慣。因此，請配合自己的情況或身體，選擇最適當的健走時間吧！

Point

- 適合運動的時間是白天。
- 若白天沒時間，選擇其他時間也OK。

什麼時間最適合健走？

【白天】		【夜晚】
較低	體溫	較高
較快	心跳	較慢
上升	血壓	下降
較淺、倉促	呼吸	較深、緩慢
抑制	消化	促進
與緊張有關的交感神經活化		與放鬆有關的副交感神經活化

身體處於活動模式，因此，在白天運動效果比較好。

身體處於放鬆模式，若從事激烈運動，會妨礙身體休息。

白天健走，效果最好！

（不過，若白天沒辦法健走，選擇其他時間也沒問題。）

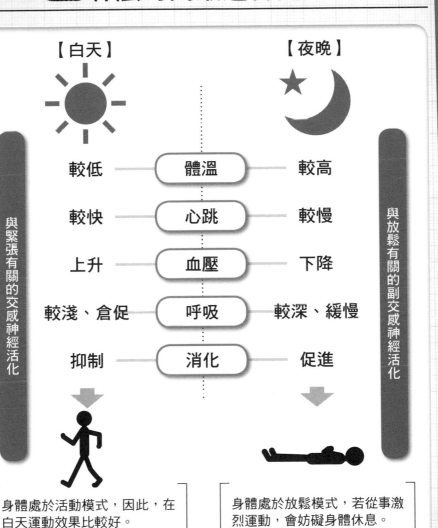

Q 健走時，要穿什麼服裝？

A 穿寬鬆舒適的衣物即可

對有心從事健走的人來說，服裝或許是一大煩惱：應該穿普通的運動服？還是正式的健走服？甚至有不少人因為對穿著過於煩惱，而遲遲沒有付出行動。

事實上，沒有這麼困難。若是短距離的健走，其實不需要煩惱服裝，穿普通的居家服可以了。此外，也可以配合當天的氣溫，選擇T恤或運動外套等方便運動的服裝。至於鞋子，請不要穿上班用的皮鞋或鞋跟過高的鞋子，請選擇適合足形的健走鞋，是最理想的。

若想在下班後運動，建議各位下班走路回家時，就算沒辦法換上運動服，至少也要換上健走用的鞋子比較好。最近市面上有各式各樣的健走鞋，請準備一雙穿起來舒適的吧！（請參考五十八頁）。

另外，若是長距離的正式健走，則是要多攜帶毛巾、替換衣物、太陽眼鏡、飲料等。請將這些東西裝在背包裡，帶著一起走吧！

Point

基本上穿居家服即可，
但鞋子請務必穿健走鞋。

適合健走的服裝

一般日常服裝

從事短距離健走時，穿方便運動的居家服飾即可。此外，也可依照氣溫變化多穿幾件，走到一半會熱時，再一一脫下，適時調整。

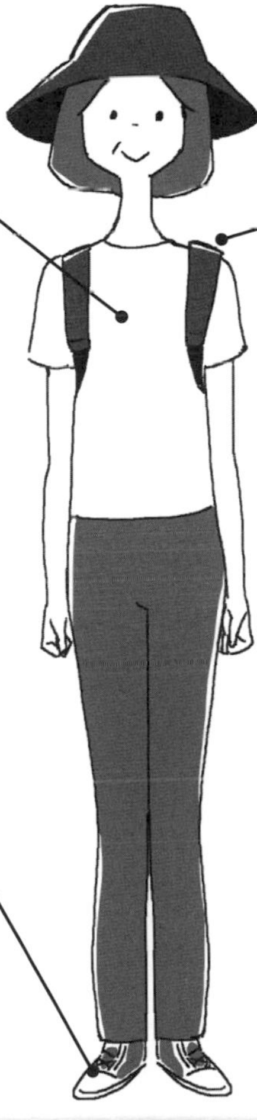

健走鞋

穿上適合足形的健走鞋。

請準備背包或肩背包，在裡面裝入毛巾、替換的內衣褲、太陽眼鏡、飲料等物品。

太陽眼鏡

毛巾

替換衣物

飲料

小叮嚀！

請以健走距離長短，來調整服裝。原則上，穿一般的日常服裝和健走鞋即可。

Q 一天要走多少距離？

A 依體力，盡量多走一點

運動式健走、長距離健走、生活式健走這三者中，最簡單、輕鬆、容易養成習慣的，莫過於生活式健走。

這種走法不用計較一天要走多久或多快，而是有機會就盡量多走就行了。若是想要以具體步數做為目標的人，建議可以先敦促自己比平常多走一千步吧！

如果太困難，也可以就下面的步數當成基準參考：

一、每天平均步數不足五千的人，約三個月後要走到兩倍的步數。

二、每天平均步數超過五千的人，約三個月後要走到一萬步。

只要逐步達成以上這個基準，就能有效增加運動量預防生活習慣病，改善身體健康。

Point

- 以每天增加 1000 步為目標。
- 每天未滿 5000 步者，以 3 個月後加倍為目標。

生活式健走的目標

生活式健走，沒有硬性規定一天要走多久或多快，基本上「有機會盡量多走就是了。」

想知道具體目標的人請看這裡

【測量自己每天的平均步數】

使用計步器，測量自己 1 周行走的步數，計算自己每天的平均值。

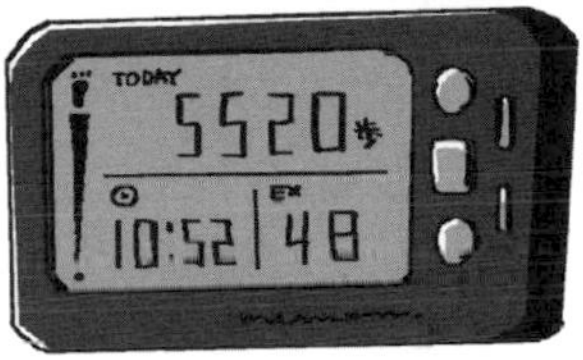

【以每天增加 1000 步的平均步數為目標】

【若每天增加 1000 步太困難】

【平均步數未滿 5000 的人】

約 3 個月後要走到 2 倍的步數。

【平均步數超過 5000 的人】

約 3 個月後要走到 10000 步。

達成目標，即可預防和改善生活習慣病！

Q 擔心自己沒時間健走……？

A 只要有心，自然有機會健走

有些人整天忙著工作，就算聽了「盡量多走」的建議，也擔心沒有時間實踐吧？

對於這種人，我特別推薦他們從事生活式健走，把自己平常生活的環境當成健走的場所。

例如，前往距離不遠的場所，靠自己的雙腳步行；不依賴電梯或手扶梯之類的設施，把爬樓梯當作運動。因此，近距離移動很適合健走。

提升健走步數的祕訣

❶近距離移動時，盡量用走的

前往不遠的場所時，用自己的雙腳移動，
減少搭乘電車或巴士。

❷使用階梯移動

不搭乘電梯或手扶梯，
改用樓梯移動。

❸在室內也多走路

不管煮飯、洗衣、掃除，總之做任何事盡量頻繁移動，增加在室內行走的步數。

❹增加外出次數

若是有好幾件要外出辦理的事，不要一次全部做完，分成多次外出完成，也可以增加步數。

其實只要有心，在室內也能健走。不管煮飯、洗衣、掃除，總之做任何事盡量頻繁移動，增加在室內行走的步數。另外，外出買東西或辦事時，不要一次全部辦完，不妨分成幾次外出完成。

簡而言之，只要有心，就不怕沒時間運動，各位一定可以在日常生活中，創作許多意外的健走機會。

生活中有許多健走的機會，有待各位發現！

Q 持之以恆的訣竅是什麼？

A 不想走的時候，就好好休息！

哪一個比較重要？

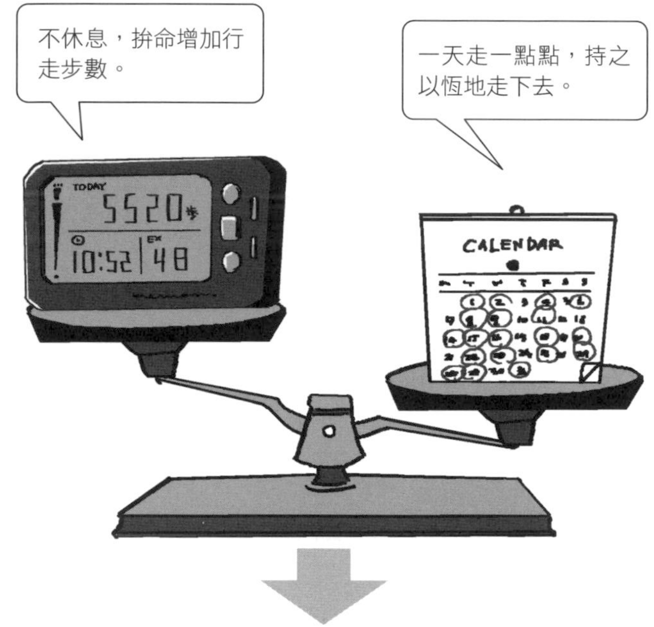
不休息，拚命增加行走步數。
一天走一點點，持之以恆地走下去。
TODAY
5520步
10:52
48
CALENDAR

**與其拚命增加步數，
每天持之以恆走下去，比較重要！**

健走持續一段時間，難免有狀況不好或疲倦的時候，面對這種日子，該怎麼辦才好呢？

正確答案是好好休息。

事實上，健走最重要的不是增加或累積步數，而是每天持之以恆地走下去。

試想，就算沒有達成自己設定的目標，各位也不想在下大雨時刻意去外面健走吧？或者，平常上班累得半死了，還傻傻地爬樓

要把健走養成習慣，但不能勉強自己

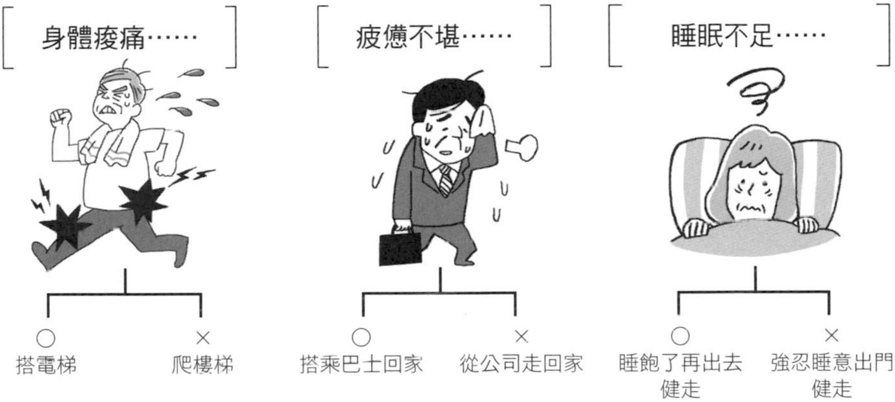
身體痠痛……
疲憊不堪……
睡眠不足……
○ 搭電梯
× 爬樓梯
○ 搭乘巴士回家
× 從公司走回家
○ 睡飽了再出去健走
× 強忍睡意出門健走

太勉強自己，反而無法持之以恆。

先好好休息，再把落後的進度補回來。

梯，如此，說不定還會影響到明天的工作表現。

此外，腰腳痠痛、身體疲勞、睡眠不足的時候，也不要勉強自己健走。先休息到復原後，再把落後的進度補回來；這才是養成健走習慣的最大關鍵祕訣。

不要太拚命、太逞強，聽聽身體的聲音，才能持之以恆地長久走下去！

Point

揠苗助長的健走計畫，難以長久持續。

PART

1 本章重點

☐ 健走運動老少咸宜，對健康有益。

☐ 健走主要分成三種方式。

☐ 健走有四大功效。

☐ 養成健走習慣，生活將煥然一新。

☐ 在自己喜歡的時間健走即可。

☐ 短距離健走不需拘泥於服裝。

☐ 健走運動的原則是「盡量多走」。

☐ 有心健走，不怕找不到時間與機會。

☐ 不想走的時候，請不要刻意勉強自己。

PART 2

20 個基本健走知識

做任何事情都不能忽略基本，為此，本章要教導大家 20 個基本的健走知識，例如健走前後的暖身運動、緩和運動、理想的行走姿勢、選鞋子的方法等，讓各位在學習健走的這條路上，更為順利。

1 預防受傷的暖身運動

健走是一種在生活中隨時隨地都能從事的運動。

不過，在正式健走的情況下，最好事前進行暖身運動。若沒有暖身就開始冒然健走，容易導致意外傷害或身體不適，破壞辛苦養成的健走習慣，功虧一簣。

首先，以甩手或踏步放鬆全身，依序進行上半身和下半身的暖身運動。藉由伸展肌肉和肌腱，讓休息狀態的身體，變成適合運動的狀態。

基本上，暖身運動是提高身體柔軟性和關節活動範圍的運動，可有效防止受傷或身體不適。四肢伸展完後，接著伸展頸部和肩膀周圍，最後深呼吸就算完成了。

原則上，建議暖身運動至少做十分鐘，待肌肉和肌腱增溫，身體就能自在活動，降低受傷的發生率。

Point

健走前，先做 10 分鐘暖身運動，以免受傷。

STEP1 放鬆全身的暖身運動

❶一邊甩手，一邊原地踏步

❷雙手和膝蓋逐漸抬高

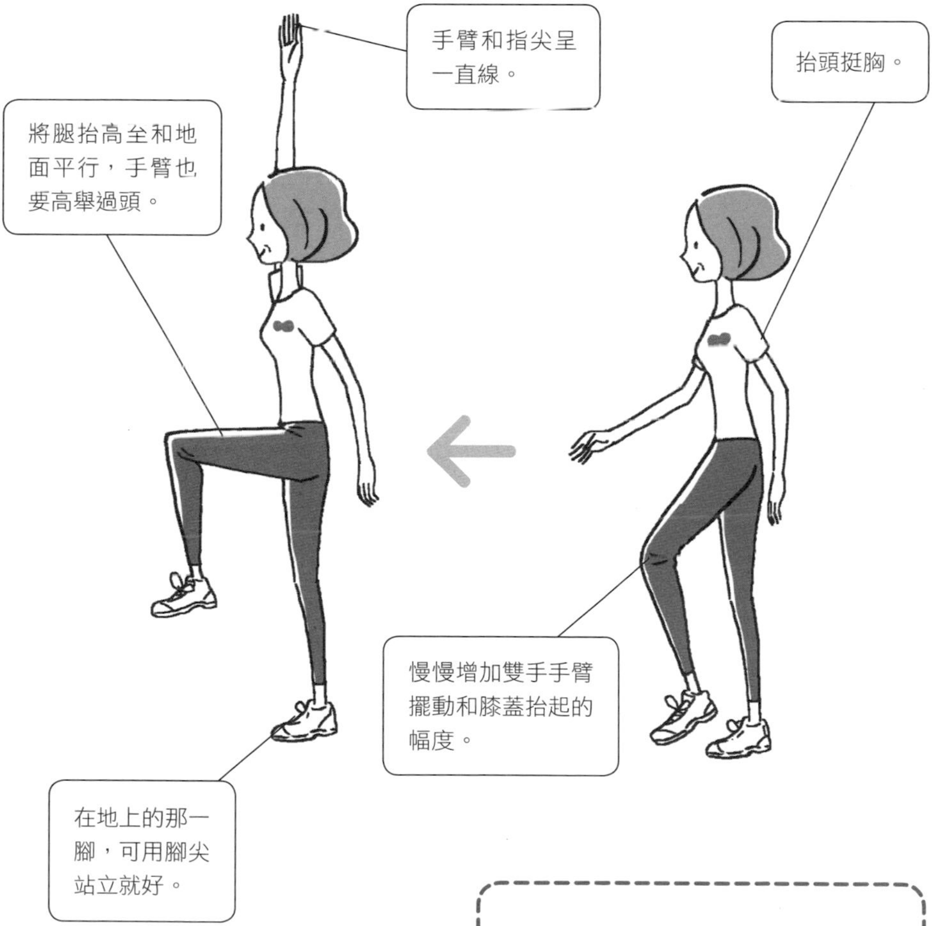

抬頭挺胸。
慢慢增加雙手手臂擺動和膝蓋抬起的幅度。
手臂和指尖呈一直線。
將腿抬高至和地面平行，手臂也要高舉過頭。
在地上的那一腳，可用腳尖站立就好。

注意

進行時保持自然呼吸，不要刻意憋氣。

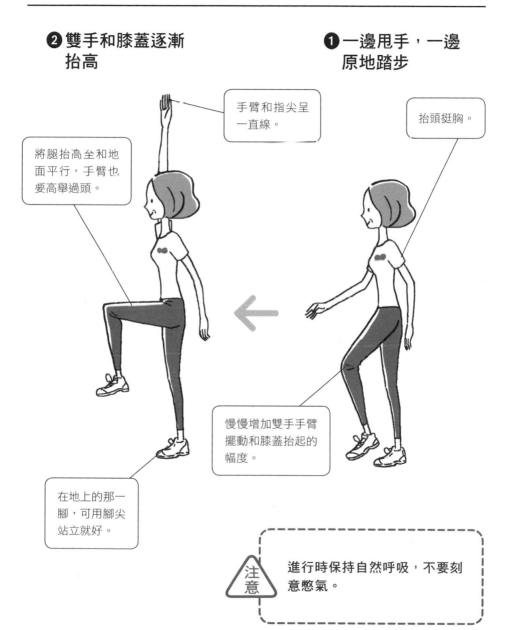

STEP2 上半身的暖身運動

❶伸懶腰

雙手慢慢往頭部的方向伸展，停留 10 秒。

十指交扣、掌心朝上。
視線保持在適合欣賞景色的高度。
腳底緊貼地面。

❷上半身傾斜

雙腳稍微打開，上半身往旁邊傾斜，伸展完再往另一邊傾斜。

要確實伸展身體側面肌肉。
比圖 ❶ 站開一點。

❸往前方伸展

雙手十指交扣往前伸展，上半身向前傾。

❹上半身後仰

慢慢往後仰，到頭頂的位置再慢慢回到動作❶。

注意

保持自然呼吸，切勿伸展過度，以免拉傷。

STEP3 下半身的暖身運動

❶ 擺動雙腳

「腿部往前伸，交互伸展小腿肚和膝蓋後方。」

抬起大腿，以伸展膝蓋的方式前後伸縮 5～6 次。
進行時腳跟請盡量朝向前方。
用另一隻腳支撐身體。

注意

若單腳站不穩，可扶著牆壁或樹木進行。

❷ 旋轉腳踝

「交互伸展左右腳的腳踝。」

伸直腳尖 → 收回腳尖 → 用腳尖畫圓

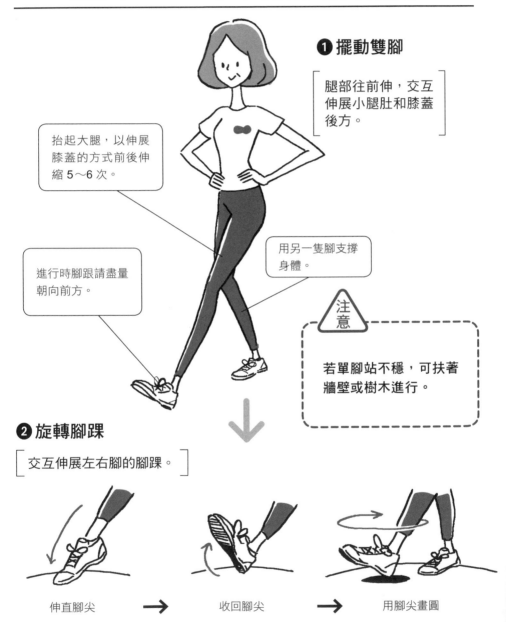

❸伸展小腿肚、阿基里斯腱和大腿

交互伸展左右腳的各個部位。

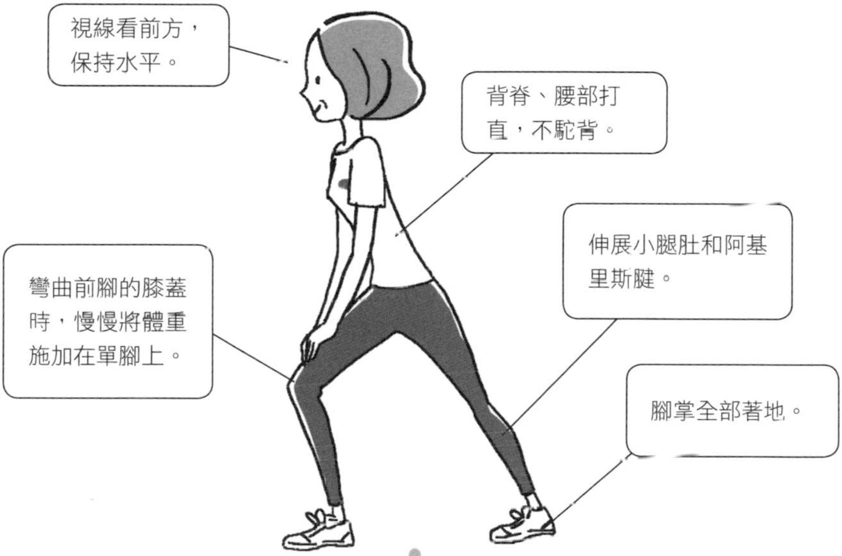
視線看前方，保持水平。
背脊、腰部打直，不駝背。
伸展小腿肚和阿基里斯腱。
彎曲前腳的膝蓋時，慢慢將體重施加在單腳上。
腳掌全部著地。

充分伸展大腿和整隻腳。
若有餘力，可再蹲低一點。
腳跟往上，不踩地。

注意

進行時，不要產生多餘的反作用力。

STEP4 頸部的暖身運動

❶左右伸展頸部

頭部向右偏，舒服地伸展後停留 10 秒，再換左偏，一樣停留 10 秒。

❷頸部前後伸展

向前伸展 10 秒，再往後伸展 10 秒。伸展時不要用力過度。

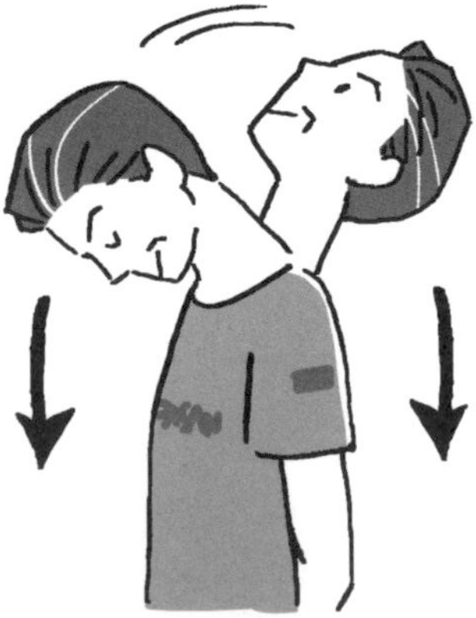

❸頸部繞圈

慢慢旋轉 1 圈約 10 秒，再從反方向旋轉同樣 10 秒。

STEP5 肩膀的暖身運動

❶ 肩膀往前，旋轉手臂

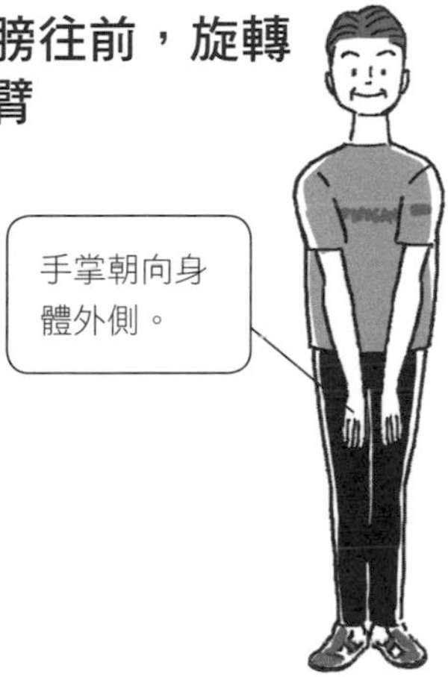

手掌朝向身體外側。

❷ 將肩膀從前方提到耳朵的側面

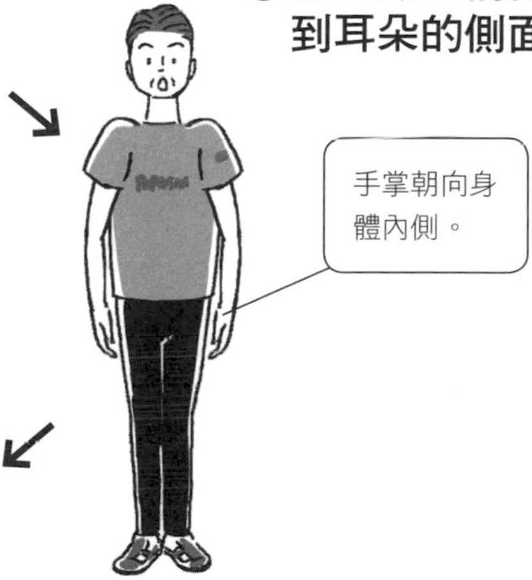

手掌朝向身體內側。

❸ 肩膀向後旋轉

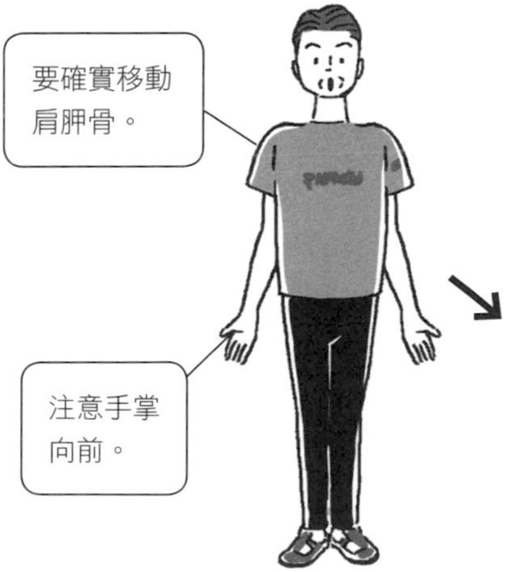

要確實移動肩胛骨。
注意手掌向前。

❹ 肩膀放鬆，回到一般站立姿勢

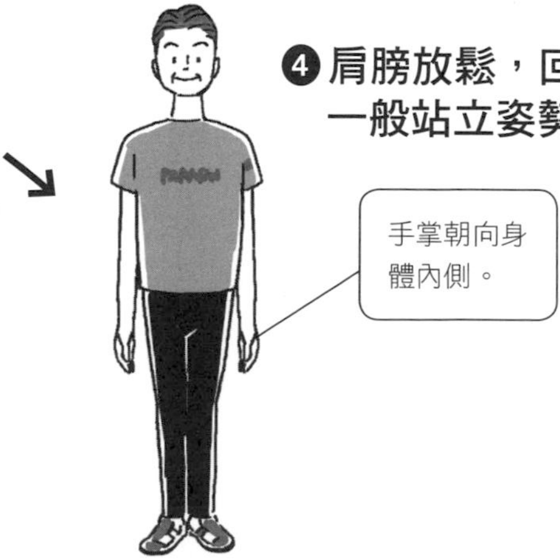

手掌朝向身體內側。

以上 4 個動作完成算是 1 組，按照 ❶❷❸❹ 的步驟做 5 組後，
接著，按 ❸❷❶❹ 再做 5 組。

2 端正站姿，是正確健走的第一步

利用鏡子確認站姿

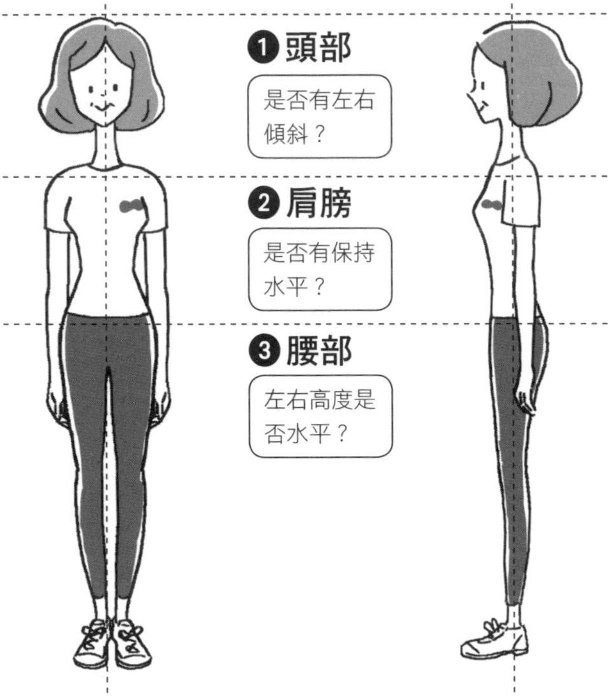
❶頭部
是否有左右傾斜？
❷肩膀
是否有保持水平？
❸腰部
左右高度是否水平？

頭部傾斜會影響肩膀和腰部的位置，
最後導致雙腳長度不一而受傷。

暖身結束後，終於要開始健走了。在此之前，我們再來學一樣東西吧！那就是正確的站姿。

人類在漫長的生活中，身體會養成一些特殊習慣。也許你以為自己站得很直，其實仔細一看便會發現肩膀或頭部傾斜，姿勢並不端正。

因此，請站在鏡子前確認自己的站姿，看自己有沒有駝背或小腹突出呢？

如何學習端正的站姿？

❶

雙手交扣後伸到頭頂上，將身體往上拉。

↓

❷

在身體維持伸展的狀態下，放下手臂。

↓

❸

放下腳跟，維持這樣的姿勢，就是最端正的站姿。

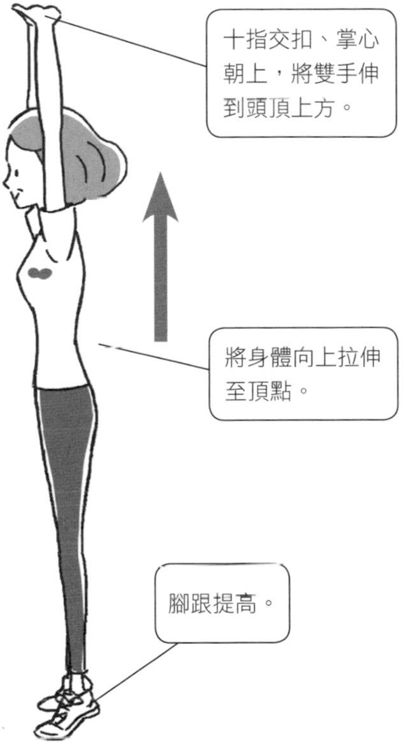

十指交扣、掌心朝上，將雙手伸到頭頂上方。
將身體向上拉伸至頂點。
腳跟提高。

若在姿勢不正確的狀態下健走，會對身體的某些部位帶來負擔，而這正是受傷或身體不適的主要原因。不過，各位也不必太過緊張，學會端正的站姿，就能避免上述的風險了。

請依照上圖的方式進行，即可掌握正確且漂亮的站姿。我們要學會端正的姿勢，健走的動作才會更加完美，也才能真正達到健走的目的。

Point

先掌握端正的站姿，再開始健走，以免受傷。

3 提高健走功效的三大要點

正確的姿勢

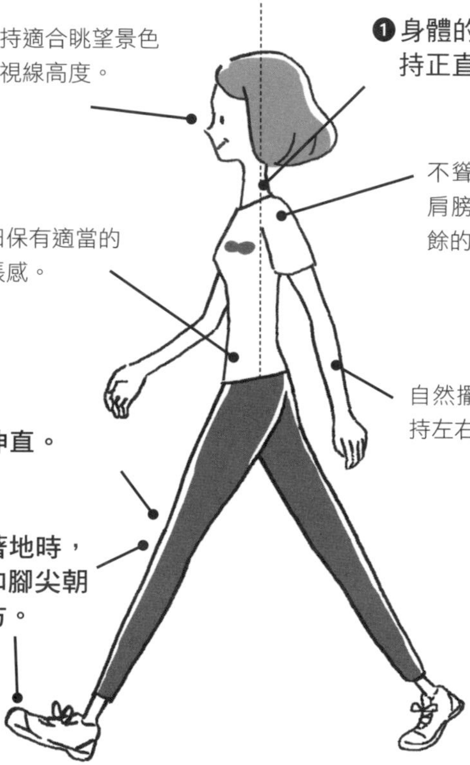
維持適合眺望景色的視線高度。
❶身體的中心要保持正直。
不聳肩、下垂，肩膀不要用上多餘的力氣。
丹田保有適當的緊張感。
自然擺動雙手，保持左右平衡。
❷膝蓋伸直。
❸腳掌著地時，膝蓋和腳尖朝向前方。

想提升健走的效果，就必須掌握標準的健走姿勢。上圖是理想的正確健走動作，其關鍵主要分為三點：

一、身體的中心保持正直。

二、踏出腳步時膝蓋要伸直。

三、腳掌著地時，膝蓋和腳尖朝向前方。

健走時切記身體不要過於前傾或後仰，務必挺直背脊，維持適合眺望景色的視線高度。此外，

錯誤的姿勢

小叮嚀

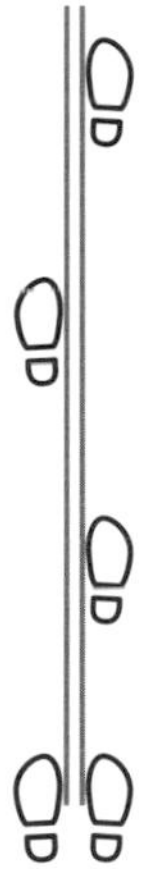

雙腳的理想間距，是立正時腳跟之間保持一個拳頭的寬度。接著，沿著間距的中心線，雙腳平行前進即可。

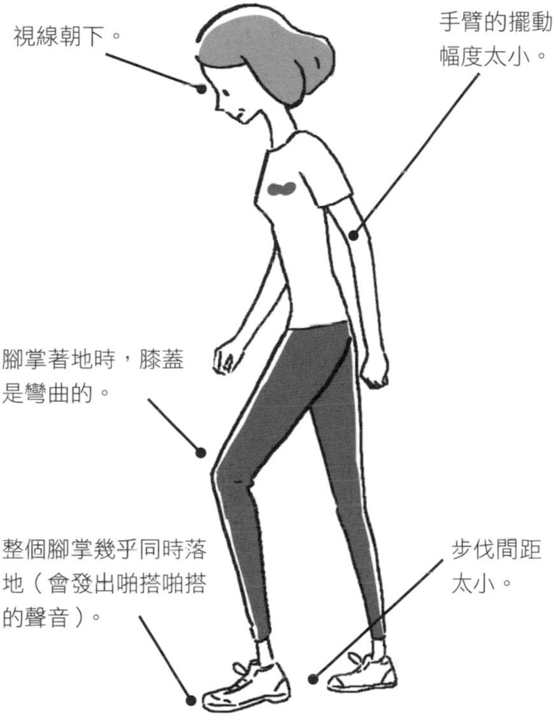
視線朝下。
手臂的擺動幅度太小。
腳掌著地時，膝蓋是彎曲的。
整個腳掌幾乎同時落地（會發出啪搭啪搭的聲音）。
步伐間距太小。

保持膝蓋伸直，自然會先從腳跟落地，避免腳尖先落地的情形發生；膝蓋彎曲會造成疲軟無力的走路方式，進而無法達到健走的效果。而腳跟落地時，膝蓋和腳尖要朝同一個方向，將重心從整個腳掌移到腳尖上，平均施力。

基本上，只要做到以上三點，就等於掌握了健走的基本姿勢。至於手臂，則是配合雙腳的速度自然擺動即可。

Point

常保端正姿勢，是正確健走的不二法門。

4 上坡時用全腳掌著地，以免跌倒

健走不一定會一直走在平地上，有時也會遇到樓梯或坡道。尤其，重視日常行走的生活式健走，有更多機會在車站或大廈樓梯、傾斜步道、天橋等場所上下移動。

走樓梯和斜坡比平地更耗體力，當然，這也要看傾斜的角度。基本上，斜坡走起來的運動效果較高，但對身體的負擔也較大，因此請量力而為。

走坡道的方法

【下坡】

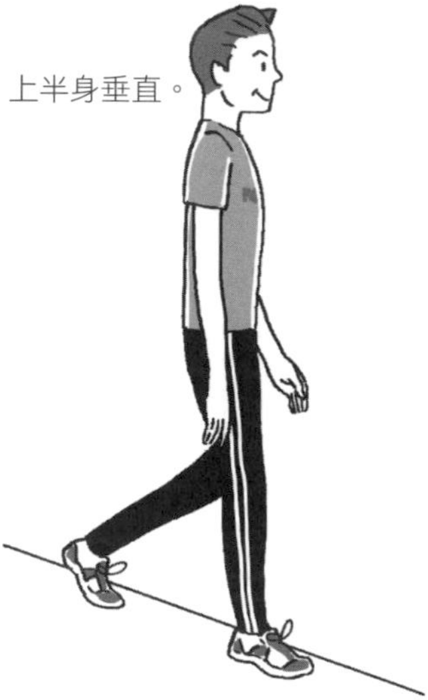

後腳彎曲，伸出前腳。重心先不移到前腳，等前腳掌著地後，再移動重心。

【上坡】

全腳掌著地，後腳伸直支撐身體前進。

走樓梯的方法

【下樓】

視線朝向前方，但請留意下階梯的跨步大小。

著地時體重要落在全腳掌上，不能光用腳尖。

【上樓】

抬腿的高度，配合階梯高度。

體重放在全部腳掌上，一步一步穩健向上。

那麼，上下樓梯或走在坡道時，該怎麼調整姿勢呢？

在此，中老年的讀者特別需要注意跌倒的風險。一旦在陡坡跌倒，會造成很嚴重的傷害。為此，請仔細留意自己的步行速度，謹記「安全第一」的原則。

具體來說，上下坡時的步伐間距要比在平地上更窄，因此，請用全腳掌著地；這是爬樓梯或坡道時最重要的一點。

Point

縮小步距，用全腳掌落地。

5 等紅綠燈時可短暫伸展，消除疲勞

若健走到一半感到疲憊或倦怠時，不妨利用等紅綠燈的時間，稍微短暫休息一下。

這時，不是光站著等待休息，最好積極做一些簡單的伸展運動。由於是在等待紅綠燈時可以做的短時間運動，所以我稱為「紅綠燈伸展運動」。

大部分的紅綠燈等待時間，約一分鐘，是一個剛好可以伸展下半身的時間，例如，伸展足脛和腿部後方就是一個不錯的動作。

❶伸展足脛和大腿後側

雙腳與腰圍同寬站立，將膝蓋彎曲，停留 10 秒。

身體向前傾，雙臂往前垂放，手掌放在膝蓋上。

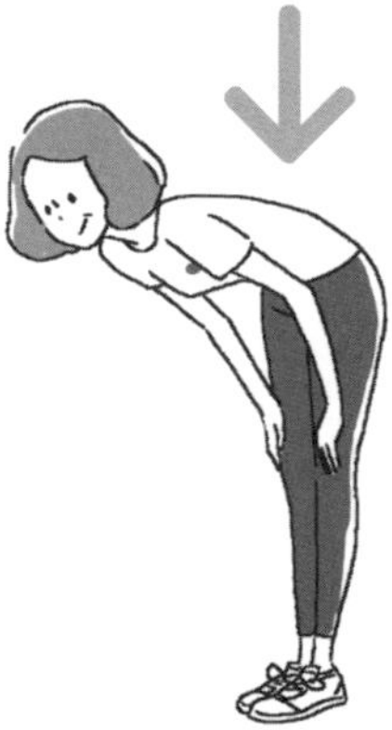

抬起頭部，雙手按壓膝蓋，停留 10 秒。

紅綠燈伸展運動的方法

❷ 刺激腳趾

抬高腳跟，用腳尖原地踏步 10 次。

抬高腳尖，用腳跟原地踏步 10 次。

❸ 伸展腳踝

腳底朝內彎曲，停留 10 秒。

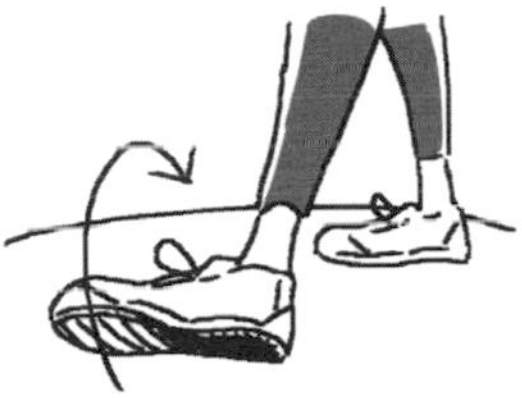

腳底朝外彎曲，停留 10 秒。

三個動作重複兩組，等於「兩個十秒的動作乘以兩組」，大約耗費四十秒左右。很適合在等紅綠燈的時候進行。

紅綠燈伸展運動不但能消除疲勞，在冬天也有預防身體冷卻的功效。另外，也有助緩解等待紅綠燈時的焦躁感。為此，下次等待過馬路時，不妨試試紅綠燈伸展運動，快速消除疲勞吧！

Point

利用等待過馬路的時間做一些簡單伸展，有助消除疲勞。

6 避免疲勞累積的緩和運動

如果健走後什麼都不做，運動疲勞就會殘留到隔天，導致全身腰痠背痛。長久累積下來，說不定會放棄持續健走的意願。

為此，想要每天精神飽滿地健走，請務必養成做緩和運動的習慣。

緩和運動的功用，是減緩劇烈的心跳，以及消除造成肌肉疲勞的物質。首先，請脫下鞋子從腳掌做起，接著是整隻腳，再伸展髖關節、大腿內側、外側、後側等。

建議最好在草地上，或是其他可以坐下的地方進行。若是利用通勤時間健走的人，也許沒辦法走完馬上做緩和運動，在這種情況下回家再做也沒問題，好比利用入浴後或睡前的時間。總而言之，務必要在當天健走完，立刻進行緩和運動。

Point

- 進行緩和運動，避免肌肉的疲勞物質堆積。
- 切記，務必在健走完當天進行。

STEP1 腳掌的緩和運動

一腳伸直，另一腳放在大腿上。

↓

以雙手按壓腳趾的根部。

↓

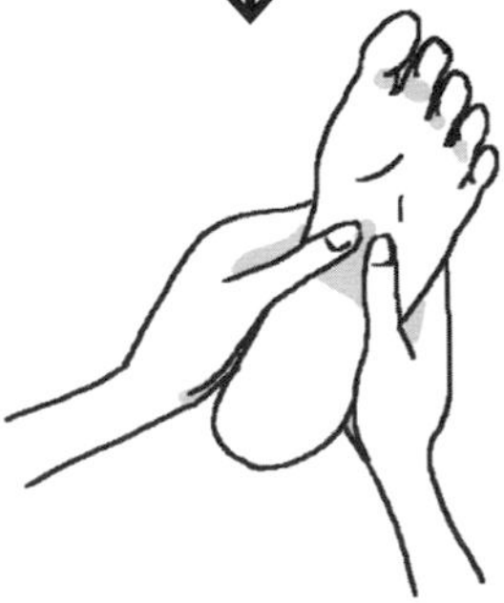

按摩足弓到腳跟的部位。

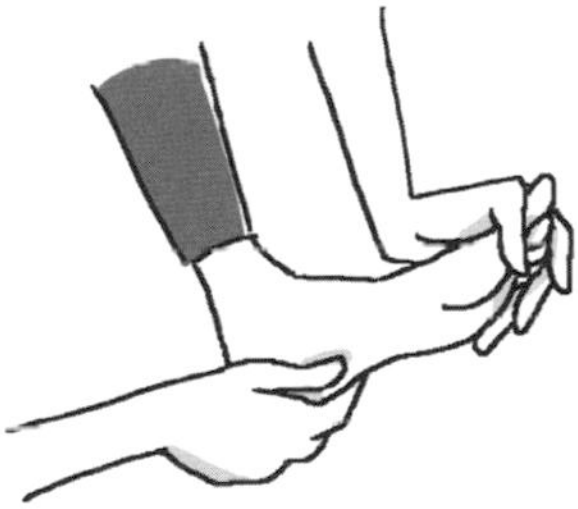

以整個手掌按摩腳跟。

↓

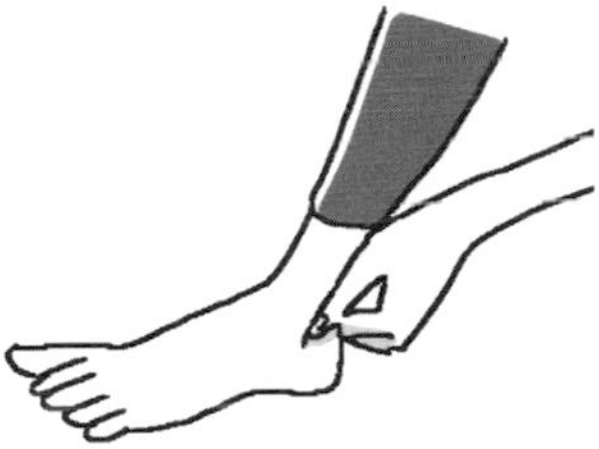

揉捏阿基里斯腱。

↓

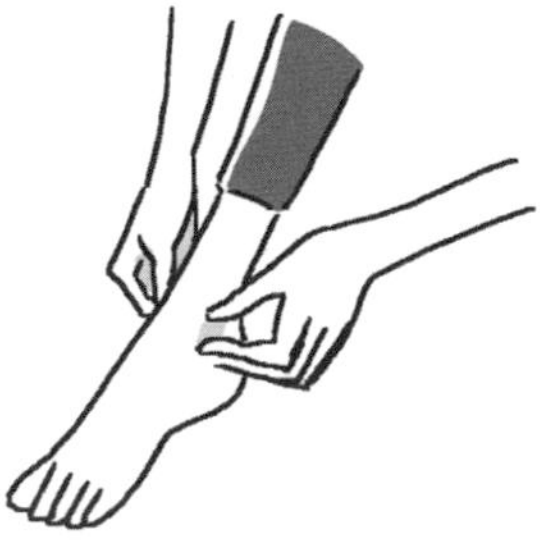

雙手手指以畫圓的方式，按摩腳踝。

STEP2 雙腳的緩和運動

用雙手包覆小腿肚，
由下往上揉捏。

包住膝蓋的周圍，
緩慢搓揉。

按摩揉捏大腿內側至
髖關節的部位。

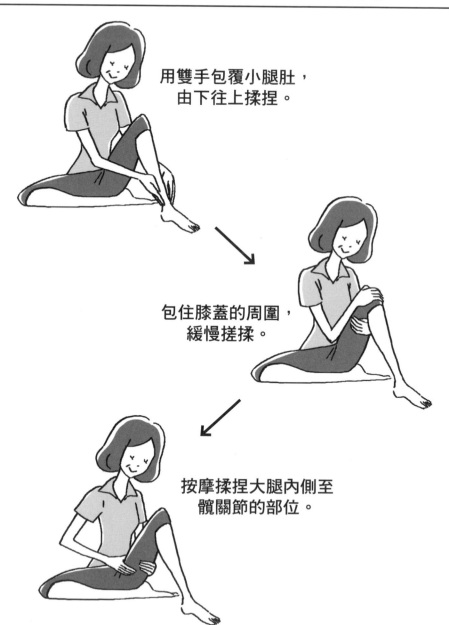

伸展髖關節和大腿內側

腳掌在身體前方交疊，盡量拉近身體；維持此姿勢後將上半身往前傾。

伸展左右大腿外側

右腳伸直，和左腳交叉。右手置於左膝外側，將左腳往內壓，同時扭轉上半身。

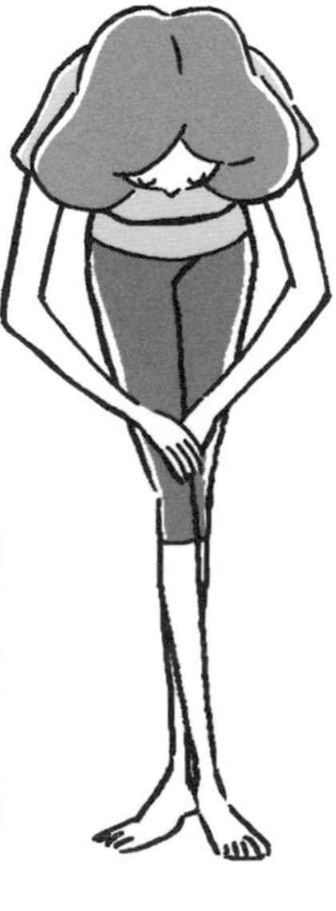

伸展左右大腿後側

左右腳交叉，左右腳掌支撐身體。維持此姿勢將上半身往前彎，雙手放在膝蓋上後頭抬起。

7 泡澡是消除疲勞的最佳方法

泡澡有清潔身體和保健的功效，因此，若要徹底消除健走的疲勞，入浴泡澡是我相當推薦的方法。

泡全身浴也是不錯的選擇，但我個人推薦半身浴。水溫調節到四十度以下，水量大約到心窩的位置即可。

為什麼呢？因為半身浴對心臟的負擔較少，又有溫暖身體的功效，是一種非常適合老年人和女性的泡澡方式。

此外，足浴和淋浴也很不錯，其中，足浴是利用水的溫熱效應來消除疲勞。由於健走後下半身容易累積疲勞，在熱水裡泡著十到十五分鐘，有助消除疲勞和腫脹，進而感到通體舒暢。

至於淋浴，請用水沖洗緊繃的部位三到五分鐘。而在沖水時的水壓還能適當按摩肌肉，達到紓緩的效果。建議若是選擇淋浴，請以畫圓的方式，沖洗腳掌到膝蓋的部位，身體將變得神清氣爽。

Point

半身浴、足浴、淋浴皆可以消除疲勞，效果顯而易見。

利用半身浴消除疲勞

半身浴的優點

・有效消除身心疲勞。
・可確實溫熱身體。
・對心臟的負擔較少。

足浴或淋浴的優點

【足浴的方式】

❶在洗臉盆裡加入攝氏 42～43 度的溫熱水。

❷雙腳泡進水裡，泡到腳踝位置即可。

❸在水裡溫熱 10～15 分鐘。

❹水溫下降後，加入熱水保持溫度。

【淋浴的方式】

❶水溫設定在攝氏 42～43 度左右。

❷以熱水沖洗腫脹的肌肉部位 3～5 分鐘左右。

❸溫度調節到攝氏 40 度淋浴，並用緩和運動伸展肌肉。

❹以畫圓的方式，依序沖洗腳掌到膝蓋的部位。

8 健走前、後的飲食方式

雖然健走不是很激烈的運動，但也需注意飲食習慣。

首先，盡量不要在空腹的時候健走。空腹會讓身體缺乏醣類，因而缺少能量來源，導致渾身無力，因此健走前請先吃點含有醣類的食物，例如：香蕉或優格，我個人十分推薦。

另外，也要記得適時補充水分，就算只走五到十分鐘，也要記得停下來喝一杯水。

健走過程中，也要勤加補充水分，以免脫水或中暑。在喉嚨感覺乾之前就要多喝水了。

至於健走後，則需要多補充水分，再攝取魚、肉、蛋、大豆等蛋白質或碳水化合物，補充健走時所流失的營養，快速恢復體力。

Point

- 在健走前攝取好消化的食物。
- 勤加補給水分，以防脫水。

進食的種類和時間

健走後

積極攝取蛋白質或碳水化合物，補充健走流失的營養。

【2小時內】

健走前

不要在空腹狀態下健走，先吃點香蕉或優格，並積極補充水分。

【行走之前】

健走

健走中

喉嚨感到乾渴前，就要補充水分了。

※補給條件因人而異，本節內容僅供參考。

健走後的飲食問題

Q.吃完早餐或午餐後，可以立刻健走嗎？

A.5～10 分鐘的散步沒問題的。但若是劇烈的健走（例如運動式健走），最好休息 30 分鐘以上再進行。

Q.健走後可以馬上喝酒嗎？

A.在心跳上升時喝酒，會對心臟造成劇烈負擔，且可能引起脱水症狀，因此，最好不要馬上喝酒。

9 如何挑選合適的健走鞋？

挑選鞋子，是健走運動非常重要的一環。皮鞋或鞋跟高的鞋子走起來不舒服，也不適合長距離健走。如果是買東西或散步，穿平時常用的鞋子是沒關係，但如果想要享受更充實的健走運動，最好還是準備一雙健走專用鞋。在店裡挑選健走鞋的時候，首先要思考的是，自己平常健走的場地和距離。瞭解這一點後，選擇時請注意以下五點：

一、腳尖部位是否還有空間？
二、鞋跟是否太硬？
三、腳踝和腳背是否合腳？
四、鞋底抓地力如何？
五、鞋底的哪個部分可以彎曲？

購買前，請實際試穿左右兩隻腳，這是非常重要的事情。若有不懂的，可以直接請教店員。

Point

- 確認購鞋五大重點。
- 實際試穿，並且走走看。

挑選健走鞋的五大重點

❶腳尖部位是否還有空間？

腳跟碰到底部時，腳趾需要留有伸展空間的大小較為宜。

❷鞋跟是否太硬？

腳掌落地時，腳跟承受的衝擊是體重的1.2倍，因此要選擇緩衝力佳的鞋子。

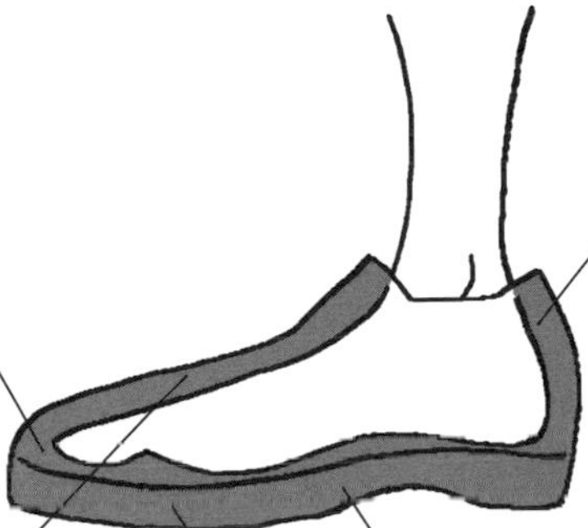

❸腳踝和腳背是否合腳？

腳踝或腳背的部分太鬆，走起來容易鬆動。這是破皮或起水泡的原因，請選擇可以用鞋帶調整鬆緊的鞋子。

❹鞋底抓地力如何？

鞋底太滑，無法做出流暢的踏步動作，進而降低健走的效果。

❺鞋底的哪個部分可以彎曲？

試著將體重從腳跟移動到腳尖，選擇能在腳趾根部彎曲的鞋子。

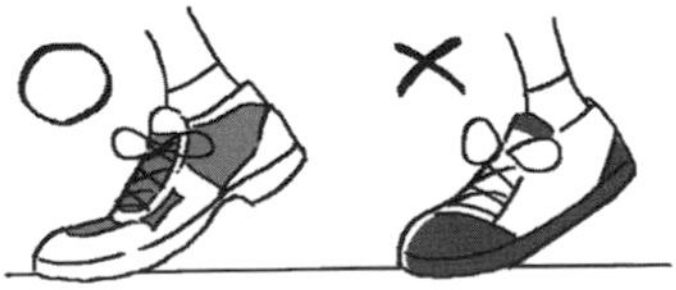

腳趾根部可以彎曲。　太硬無法彎曲。

注意

- 左右兩腳不見得大小相同，因此請務必確實試穿。
- 試穿時鞋帶要綁緊，看穿起來的感覺如何。
- 不懂的話請不要自己判斷，務必詢問店員確認。

10 健走鞋的正確穿法

❶ 腳掌放入鞋內

鬆開鞋帶，將腳放入鞋中。拉好襪子，調整鞋子前後的鬆緊。

❷ 拉緊鞋帶

在腳尖尚有空間的狀態下，拉緊鞋帶，讓鞋子緊貼腳踝和腳背。

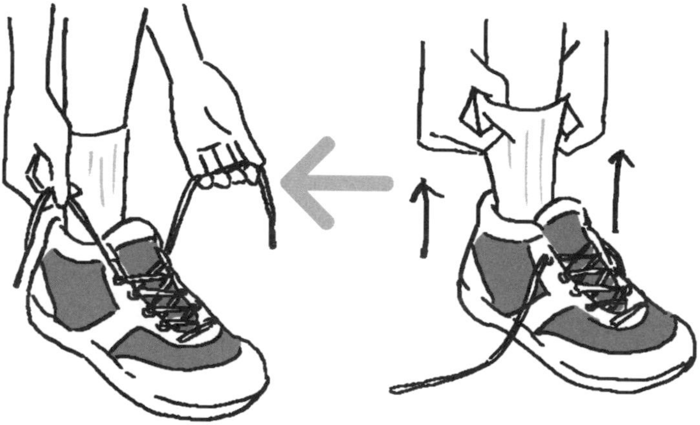

選好適合的健走鞋後，再來學習正確的穿鞋方式吧！

依照不同的健走場地、距離、速度，穿法多少需要略做調整。不過健走鞋的穿法基本上如下：

首先，鬆開鞋帶，將腳放入其中。接著拉好襪子調整鬆緊，在腳尖尚有空間的狀態下綁緊鞋帶，讓鞋子緊貼腳踝和腳背。

原則上，腳趾在鞋內可以自由伸展的寬鬆度，是最理想的狀態。

健走鞋的正確穿法

❸ 調整腳跟位置

在地面輕踏兩下，讓腳跟貼合鞋跟。

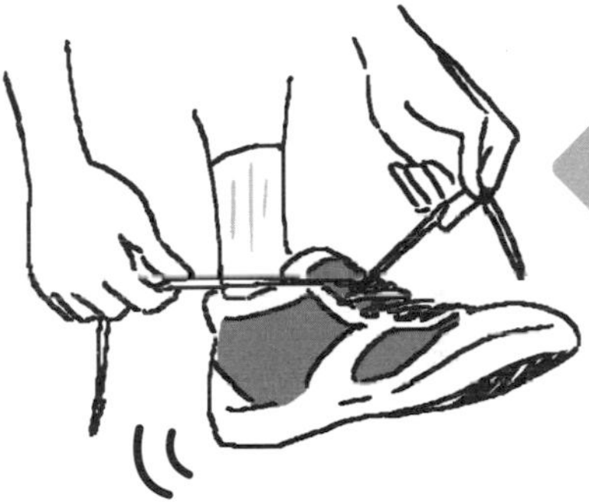

❹ 固定足部

從腳趾根部踩向腳尖，再固定鞋帶。

再來，讓腳跟和鞋跟貼合，方法是用腳跟在地面上輕踩兩下。

最後，用腳趾根部踩在地上，重心往腳尖移動。綁緊鞋帶固定腳背到腳踝的位置。

養成這個正確的習慣，就能享受正確穿鞋、輕快健走的無窮樂趣了！

Point

穿鞋時，保留腳趾可以伸展的寬鬆度最佳。

11 中階強度：長距離健走

有時候參加健走活動，必須走五公里、十公里、甚至更長的距離；這與平日短距離的生活式健走不同，稱為「長距離健走」。

長距離健走比平常的運動更為劇烈，因此請先嘗試合宜的距離，不要一次挑戰太遠的距離。各位不妨在健走過程中觀察自己的狀況，以掌握自己確實能達成的距離是多少。

報名參加長距離健走活動前，請先確認以下三點：

一、向醫師確認自己的健康狀況，是否適合長距離健走。
二、事前確認健走鞋、服裝、背包，準備好自己需要的東西。
三、暖身與緩和運動要做得比平常更確實。

最後，最重要的是，若途中感到身體不適，要馬上停下來休息，千萬不要勉強。

Point

・先從輕鬆的距離開始。
・事前向醫師確認身體狀況。

挑戰長距離健走

長距離健走

可以一個人走或呼朋引伴，利用半天的時間進行長距離健走，享受悠閒的運動時光。

走 5 公里或 10 公里以上的距離。

前往山區健行或爬山。

長距離健走的三大注意事項

❶向醫師確認自己的健康狀況，是否能進行長距離健走。

❷事前確認健走鞋、服裝、背包，準備好自己需要的東西。

❸暖身與緩和運動要做得比平常更確實。

12 高階強度：運動式健走

三大健走類別

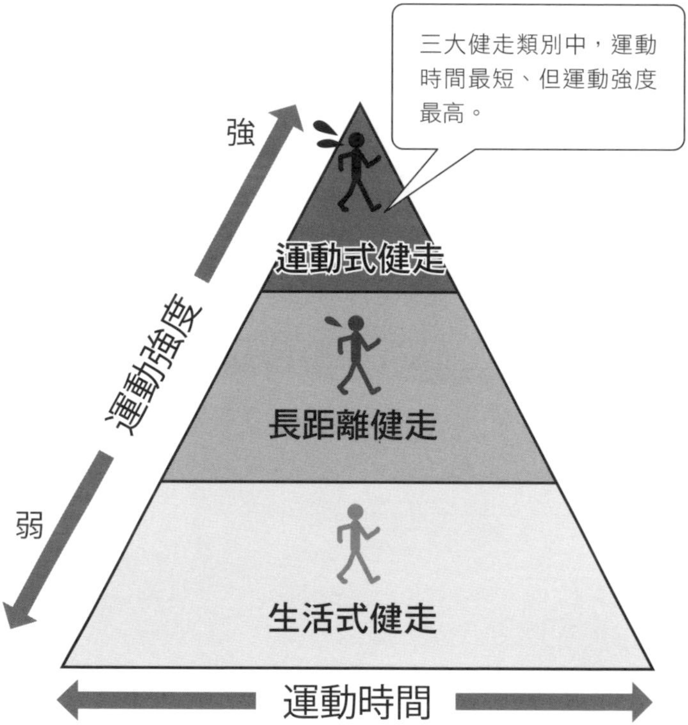
三大健走類別中，運動時間最短、但運動強度最高。
強
運動強度
弱
運動式健走
長距離健走
生活式健走
運動時間

習慣生活式健走後，有了基礎體力，也嘗試過長距離健走的讀者，或許可以開始挑戰更高強度的運動式健走。

運動式健走，是一種較為劇烈的健走方式。一般的健走速度，約每分鐘六十到七十公尺左右，運動式健走則為九十到一百公尺。這種劇烈的運動對身體負擔較大，可用來減肥或健身。

那麼，運動式健走要怎麼進行

運動式健走的正確姿勢

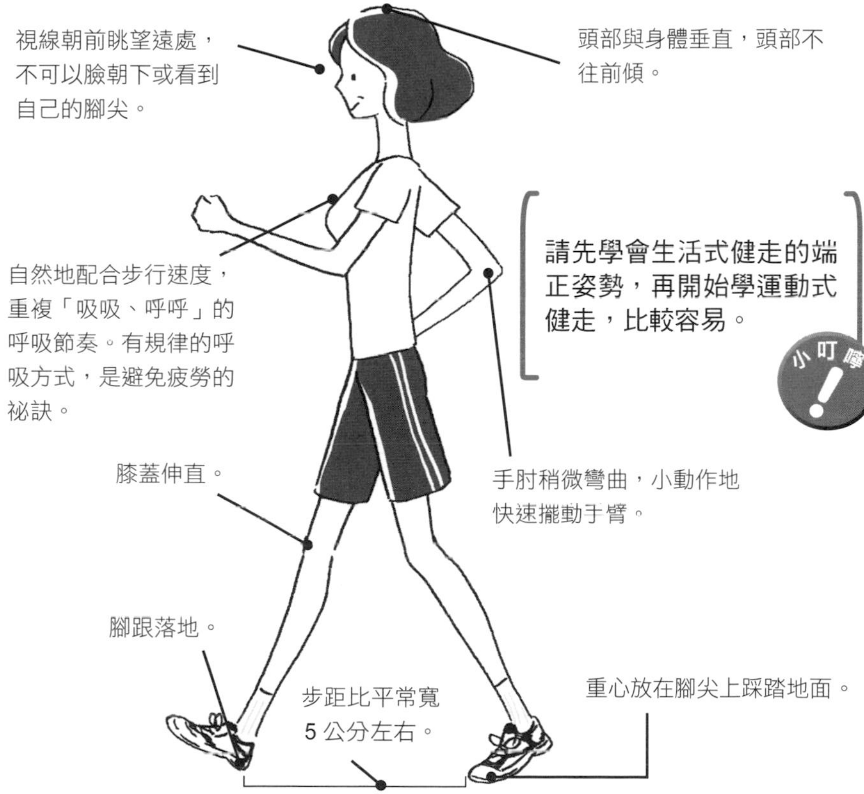
視線朝前眺望遠處，不可以臉朝下或看到自己的腳尖。
頭部與身體垂直，頭部不往前傾。
自然地配合步行速度，重複「吸吸、呼呼」的呼吸節奏。有規律的呼吸方式，是避免疲勞的祕訣。
膝蓋伸直。
手肘稍微彎曲，小動作地快速擺動手臂。
腳跟落地。
步距比平常寬5公分左右。
重心放在腳尖上踩踏地面。

小叮嚀！

請先學會生活式健走的端正姿勢，再開始學運動式健走，比較容易。

呢？首先，視線朝前眺望遠處，看著和眼睛高度相同的東西。手肘稍微彎曲，小動作地快速擺動，身體就不會有多餘的搖晃動作，腳步也會變快。另外，膝蓋要伸直，跨步時腳跟先落地。

此外，最重要的是呼吸要配合步行速度，保持「吸吸、呼呼」的節奏，才不會在行走過程中，感到太喘或太累。

Point

- 速度約每分鐘九十到一百公尺。
- 保持「吸吸、呼呼」的節奏呼吸。

13 運動式健走的重心，如何移動？

上一篇解說運動式健走的姿勢，但除了姿勢外，初學者通常比較難掌握的，是著地和重心移動的方式。

光是腳掌落地，這還不怎麼困難。不過，有的人在腳跟落地後，無法順利將重心移動到腳尖，進行流暢的步行動作。

其實重心移動是有訣竅的，最簡單的方式，就記得用整個腳掌貼地，以腳跟滑動到腳尖的方式移動重心。相對於此，一口氣轉移重心，會發出很大的踏步聲，這是錯誤的方式。我們要用整個腳掌慢慢移動重心，不要發出聲音，這才是正確的重心轉移方式。

隨著重心移動，進而抬起腳跟，用腳趾根部踩踏地面。如此一來，身體就會自然向前方移動。另一腳往前方踏出去，也要從腳跟落地。

一開始先慢慢嘗試這個動作，掌握腳掌完全貼地的感覺，就能順暢轉移腳步重心了。

Point

踏步時，不要發出落地聲響。

如何正確轉移腳步重心？

前腳踏出時，用腳跟著地

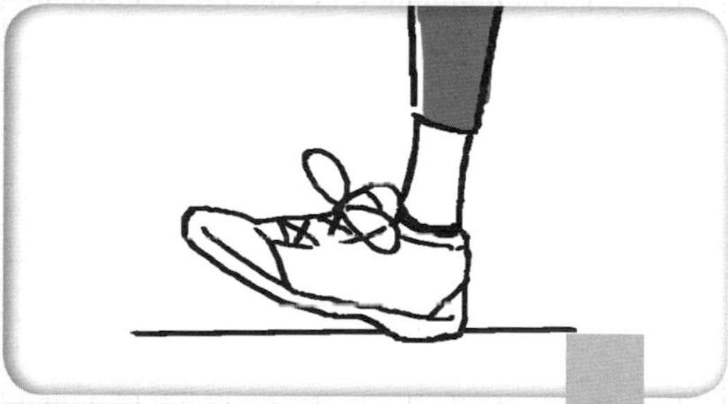

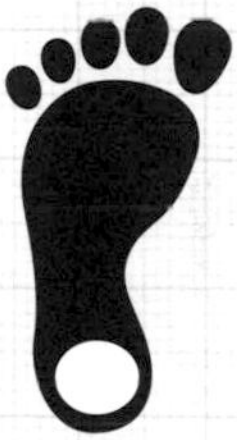

承受體重的部位

重心從腳跟移動到腳尖

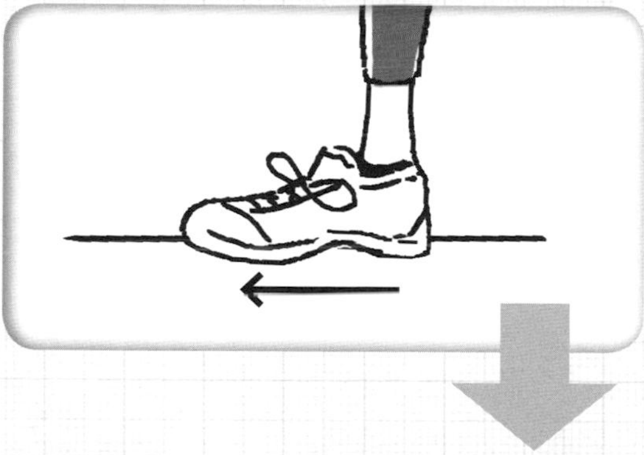

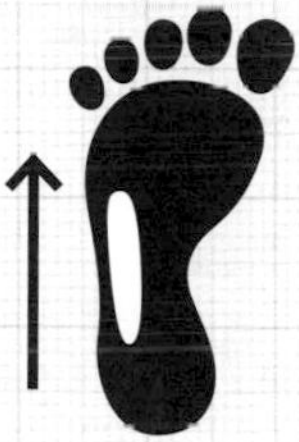

承受體重的部位

抬起腳跟，用腳趾根部踩踏地面

承受體重的部位

14 兩大穿衣原則：夏防暑、冬禦寒

夏季服裝

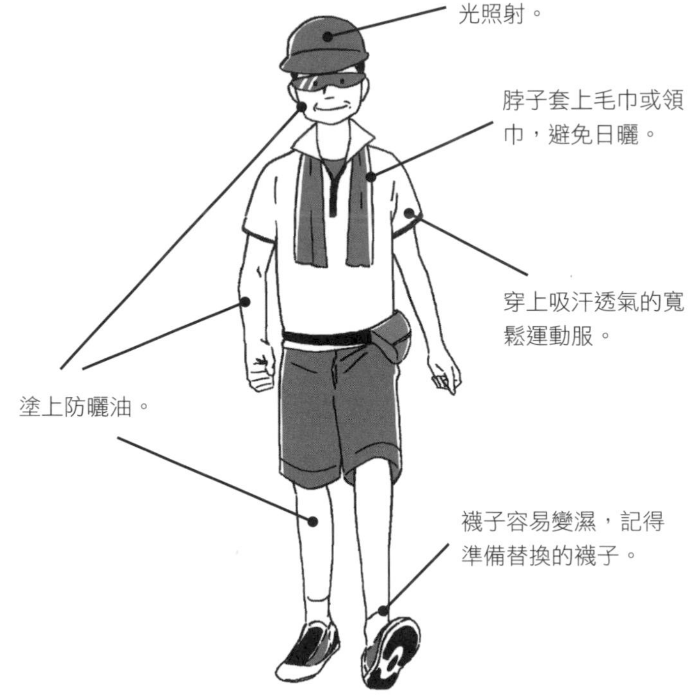
戴上帽子阻擋日光照射。
脖子套上毛巾或領巾，避免日曬。
穿上吸汗透氣的寬鬆運動服。
塗上防曬油。
襪子容易變濕，記得準備替換的襪子。

避暑是搭配衣物的首要考量。

健走通常是在自然環境下進行的，隨著季節不同，天候和氣溫也有很大的變化。因此我們必須思考適合的服裝搭配，尤其夏季和冬季的服裝選擇特別重要。

夏季的穿衣原則，主要以「避暑」為第一考量。運動服要選擇吸汗透氣的寬鬆款式，另外戴上防曬的帽子，脖子也要圍上毛巾或領巾避免曝曬。臉部、手臂、脖子、耳後最好也要塗上防曬油。

冬季服裝

戴上羊毛或毛線材質的帽子。
套上圍巾，保護頸部外露的肌膚。
防風用的外套也是必需的。
採用洋蔥式穿法，多穿幾件薄上衣，太熱再才脫下來。
內衣的素材也要留意。
裡面再穿上運動緊身褲。
戴上手套，避免體溫從指尖流失。

請穿上具有絕佳防寒效果的衣物。

冬季的服裝，則最好挑選良好禦寒功能的款式，例如抵擋低溫和強風的外套、圍巾、手套、運動緊身褲、毛線襪等，阻擋寒風灌入衣物的間隙。帽子建議選擇羊毛或毛線素材，身上不要穿太厚的衣服，而是以洋蔥式穿法，多穿幾件薄的，太熱時才能脫下來，避免流汗吹到冷風而感冒。

Point

・夏天要預防高溫、日曬、中暑。
・冬天要預防低溫、強風。

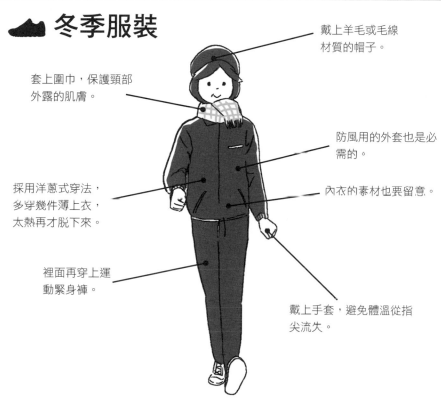

15 備妥防雨裝備，享受雨中漫步樂趣

養成健走習慣後，難免會遇到在下雨天健走的日子。其實做好防雨對策，也能享受在雨中健走的樂趣。

首先請準備防水性佳、不會悶熱的防雨運動衣。或者，可以蓋住背包的防雨披肩也很方便，但披肩在風大的日子容易被吹起來，最好依照天候狀況選用。

頭部記得戴上防雨衣的兜帽，或是防雨用的帽子。用兜帽蓋住

建議穿上防雨運動衣

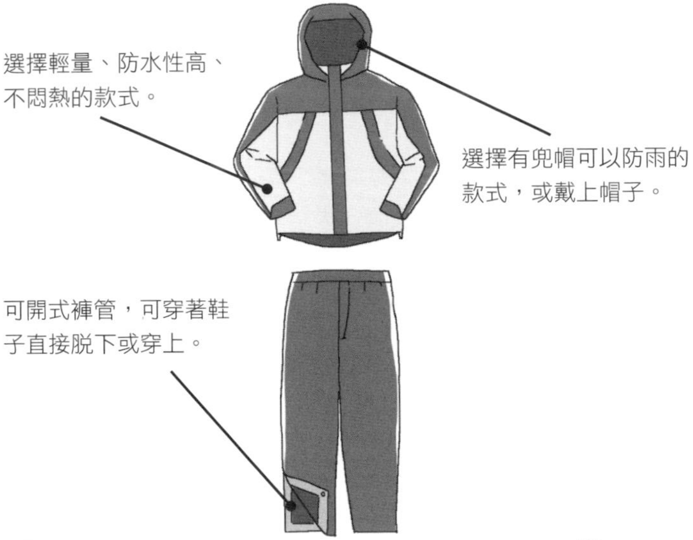
選擇輕量、防水性高、不悶熱的款式。
選擇有兜帽可以防雨的款式，或戴上帽子。
可開式褲管，可穿著鞋子直接脫下或穿上。

小叮嚀！

下雨天要妥善保養鞋子，例如在健走前噴上防水膠，健走後徹底風乾。若沒有妥善保養，稍有不慎就會縮短鞋子的壽命。

雨天健走的方式

可以事先脫下一層上衣，避免過於悶熱。
戴上兜帽或帽子，確保視野清楚。
步距需比平時稍窄一點，以免滑倒。

小叮嚀

健走後，請立刻擦乾雨水和汗水。會冷的的話可以泡熱水澡，預防傷風感冒。

帽子就更好了，這樣就不必擔心雨水阻礙視野。

另外，在脖子捲上毛巾能避免雨水滑入衣物中。

雨天健走前，記得先做好防雨措施。不過，濕滑的路面走起來很危險，為此，步距需要比平常稍微窄一點，以免不小心滑倒。

健走後，也要趕快擦乾雨水和汗水，並且泡澡溫熱身子，以免感冒。

Point

- 穿上防雨運動衣，不要撐傘。
- 縮小步距，以免滑倒受傷。

健走的記錄

今天感覺不錯，
要多走一段嗎？
流了一身
暢快的汗水。
還有保持
笑容的體力。
一起聊天。
好啊，我們走
到河岸邊吧！
呼吸略微急促，
但不會感到痛苦。
感覺相當
充實。

16 健走初學者適合什麼速度？

健走速度因人而異，在還沒有習慣健走的時候，最好先放慢腳步行走比較好，也就是選擇「走起來最舒服」的速度。

什麼是「走起來最舒服的速度」？就是可以一邊走，還能一邊聊天說笑、呼吸不會過於急促、身上流出暢快的汗水、心靈有種充實的感覺；請初學者先掌握這樣的健走速度。

若想知道具體速率的人，我建議實際測量心跳。

測量心跳的速率

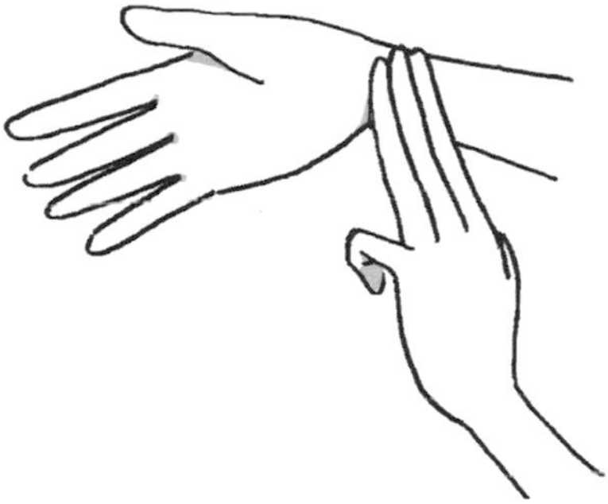

測量心跳（脈搏），以適合自身年齡的速度健走。建議初學者從「輕鬆」的速度開始，之後再提升到「略微輕鬆」的速度，循序漸進地增加。

心跳（次數／分鐘）					身體的感覺
20多歲	30多歲	40多歲	50多歲	60多歲	
165	160	150	145	135	很累
150	145	140	135	125	頗累
135	135	130	125	120	略微輕鬆
125	120	115	110	110	輕鬆
110	110	105	100	100	非常輕鬆

保持固定的速率行走一段時間，並且停下來測量手腕的脈搏十五秒，再將這個數字乘以四，就是每分鐘的心跳。請各位按照上面的圖表，選擇適合自己年齡的健走步調。

不管是幾歲的人，最好先從「輕鬆走」開始，待習慣以後再調整到「略微輕鬆」的速度，才是最理想的健走方式。

Point

測量心跳，是控制健走速度的具體方法。

17 如何提升健走的運動效果？

相信有不少讀者，希望在短時間內獲得最大的效果吧！誠如在工作場合上，思考如何提升成果也非常重要。

其實，健走是一種應該盡量享受箇中樂趣的運動。不該只想著提升成果，要養成每天健走的習慣開心持續下去。不過，我也能理解追求成效的心情。

嚴格來說，運動的效果等於「運動的強度×運動的時間」。若想提升效果，增加「強度」或「時間」就可以了。

每天工作繁忙，無法增加運動時間的人，請在合理的範圍內增加強度，但請務必慢慢增加，不要一下子增加太多。

假如各位平時都是「輕鬆走」的步調，不妨在部分的路程中加入略微快速的區間。因為突然增加強度是很危險的，請務必循序漸進慢慢增加健走強度。

Point

若想提升運動效果，只要增加「強度」或「時間」。

提升運動效果的方法

運動效果（預防生活習慣疾病的效果）

＝ 運動強度 × 運動時間

增加任何一項，
都可提升運動效果

運動強度：要用多大的強度運動

- 有辦法提升強度 → 盡量快步行走，不要脫脫拉拉
- 沒辦法提升強度 → 思考可否增加運動時間

運動時間：要用多少時間持續運動

- 無法增加時間 → 思考可否增加運動強度
- 有辦法增加時間 → 在合理的範圍內增加健走時間

盡量快步行走，不要脫脫拉拉

在合理的範圍內增加健走時間

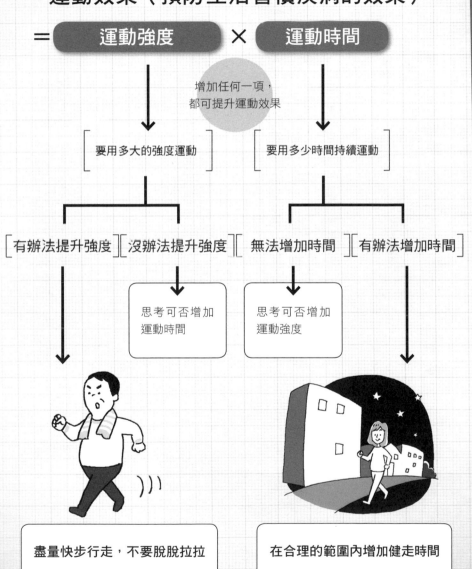

18 手持物品的健走法

健走時兩手空空自在行走，是最理想的狀態。不過，在日常生活中從事生活式健走，難免會碰到通勤或出門購物的情況，必須帶著東西行走的情形。

這時要注意身體的左右平衡，帶著東西行走容易導致體重偏向其中一邊，加重身體的負擔，這也是疲勞、受傷、身體產生不適的原因。帶著東西行走時，要留意身體重心平衡。女性最好保持漂亮的行走姿勢，東西提在手中或背在肩上的姿勢各有不同，請確認左頁的圖示內容，有更詳盡的說明。

另外，下雨天也有撐傘走路的訣竅。例如握柄彎曲的部分朝前，用大姆指以外的四根手指握住。腋下收緊，手肘貼近身體，如此就能筆直拿穩，保持身體的重心平衡。

Point

行走時多留意身體左右平衡，一樣能優雅健走。

通勤時攜帶皮包的走路方式

提在手上的包包

挺直背脊，左右肩膀保持相同高度。
包包偶爾可以換邊拿。
伸出姆指，輕輕扣住拿著包包的手，小姆指往上收。
手肘稍微向後收，平衡重心。

背在肩上的包包

挺直背脊，左右肩膀保持相同的高度。
手肘輕微彎曲。
包包偶爾可以換邊背。
包包拉近身體，稍微向下壓。

撐傘時的走路方式

握柄彎曲的部分朝前，用姆指以外的四根手指握住。
收緊腋下，將手肘貼近身體。

19 老年人健走前，請先諮詢醫師

健走，基本是男女老幼都能從事的運動，但年輕人和中老年人的體力有差距。尤其年紀日增，伴隨身體老化，體力和肌力也大幅下降；為此，運動方式也必須考量到這點才行。

中老年人從事健走運動前，一定要先尋求醫師的指示。

沒有考量健康狀況或身體能力就冒然健走，極有可能發生意外傷害或身體不適。因此，最好先和值得信賴的醫師商量，討論自身的身體狀況，是否適合健走。

另外，健走前後的暖身運動和緩和運動也要確實執行；水分的補給也非常重要，要養成口渴前就喝水的習慣，以免脫水。

最後，還有一點，當身體感到不適時，請立刻停止健走，千萬不要勉強，以免造成更大的傷害。

Point

- 先徵詢醫師的意見。
- 稍有不適立刻終止。

中老年人健走時的注意事項

❶確實進行暖身運動和緩和運動

暖身運動

確實做好下半身的伸展運動，
特別是天氣冷的時候。

緩和運動

確實按摩腿部或膝蓋。

❷隨時補充水分

請頻繁地補充水分，以免
脫水或中暑。

注意

萬一有下列症狀，請立刻停止健走

- 關節或肌肉疼痛。
- 胸口或腹部疼痛。
- 心悸或呼吸不順。
- 目眩。
- 耳鳴。
- 流汗量比平時多。

20 撰寫健走日記，可提升幹勁

留下健走紀錄

❶瞭解自己的基本水準

記錄 1 周的合計步數，掌握每天的平均步數。

❷每天記錄

每天記下當天的步數，
就像寫日記一樣持續下去。

❸留下 1 年的紀錄

每個月計算當月的合計步數，
並計入圖表。

要養成每天健走的習慣，才能確實達到保健身體的功效。然而，要養成習慣並沒有這麼容易。因此，我建議各位撰寫健走日記，將自己的成果「明確化」。

記下每天的行走步數，化為明確的紀錄，就能清楚瞭解自己累積的成果。

此外，還可以激勵自己，提高健走動機與意願，不斷超越自己。

撰寫方法很簡單，先計算一周

❶ 如何瞭解自己的基本水準？

利用計步器計算周的每日步數，將數值化為圖表。

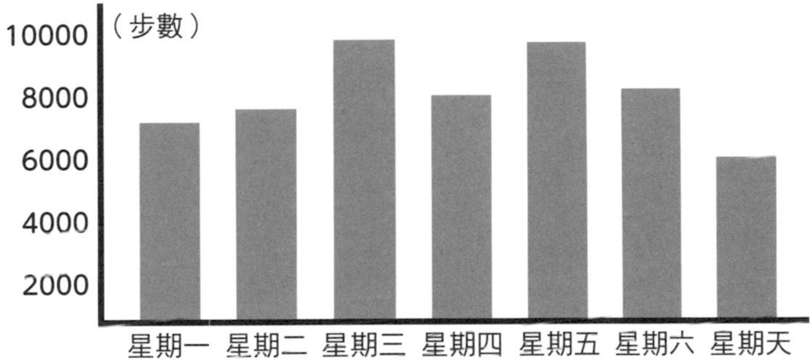

計算 1 周的合計步數，以及每天的平均步數。

月／日～月／日（1 周）	合計步數	每日平均步數
6月24日～6月30日	56000步	8000步

這就是各位的基本水準。

的行走步數，換算出自己的基本水準（亦即一周的合計步數和每日平均步數）。如果各位從事的是生活式健走，那就記錄日常生活中所有的行走步數。

瞭解基本水準後，請每天記錄自己的步數。每個月計算自己當月的合計步數，再化為圖表紀錄。

相信我，日記和圖表，一定可以成為各位努力的動力。

Point

將步數化為數值，就能感受到實際成果，提高健走意願。

❷ 每天記錄

以 1 周為單位，記下每天的行走步數。記錄 1 個月後，再換算當月的合計步數。

【1 周】

項目	7/1	7/2	7/3	7/4	7/5	7/6	7/7
天氣	晴天	晴天	陰天	陰天	雨天	晴天	晴天
體重	60.1kg	60.3kg	60.1kg	60.0kg	60.1kg	60.1kg	60.2kg
血壓（高低標）	120 78	119 74	122 80	123 84	119 79	120 80	123 82
食量	○	△	△	×	○	○	×
步數	7820步	9901步	8320步	8310步	5020步	9730步	8670步
1 周合計步數	**57771步**						

注意

若是身材肥胖的人，則必須額外記錄自己的食量，減少兩成就記入○，減少一成就記入△，食量沒變就記入X……，無需太詳細，記錄個大概即可。

❸ 留下 1 年的紀錄

將每月的合計步數化為圖表，確認自己 1 年來的健走成果。

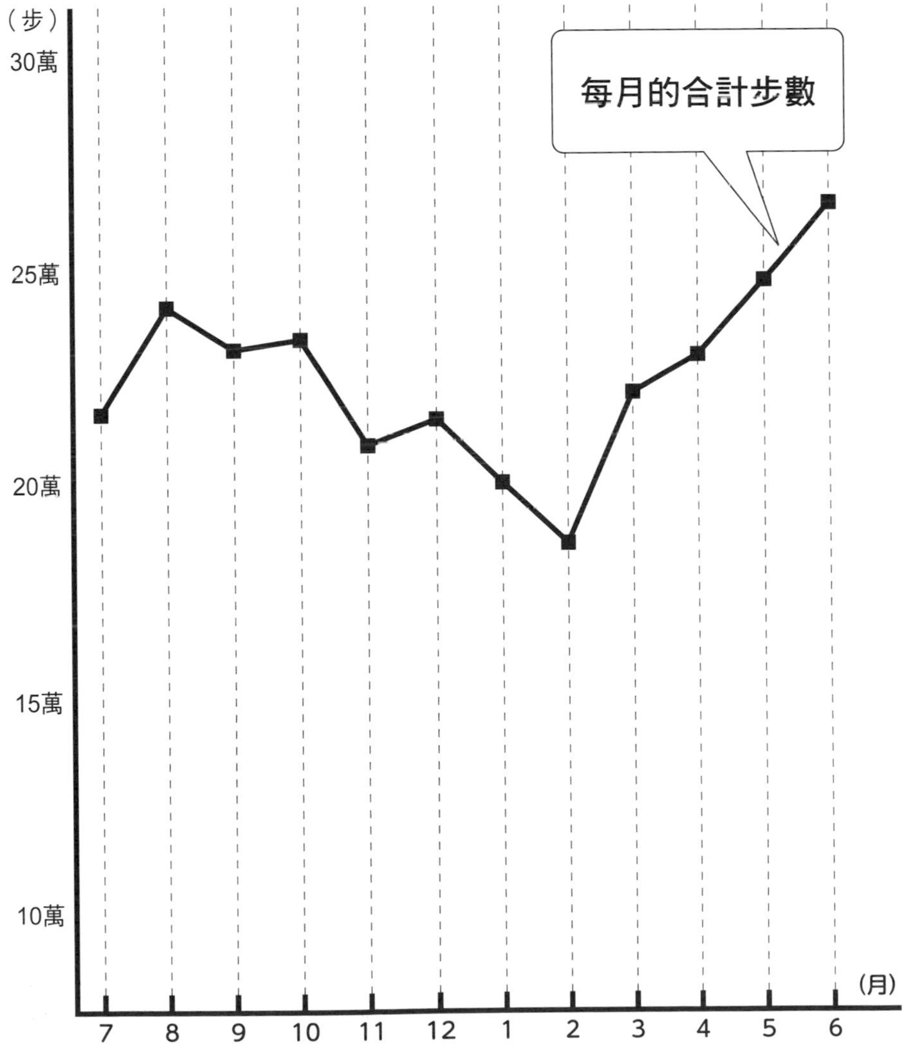

Check List

PART

2 本章重點

☐ 在健走前暖身，以免受傷。

☐ 學習端正站姿很重要。

☐ 健走姿勢主要有三大重點。

☐ 走樓梯或坡道時，要用全腳掌著地。

☐ 利用等紅綠燈的時間做伸展運動。

☐ 健走完記得做緩和運動。

☐ 泡澡消除當天的疲勞。

☐ 在健走前吃下有益消化的食物。

☐ 仔細挑選健走鞋。

☐ 正確穿上健走鞋。

☐ 嘗試長距離健走，先從合理的距離開始。

☐ 運動式健走，是比較劇烈的健走方式。

☐ 運動式健走的重心移動方式有難度。

☐ 穿衣原則：夏天防暑、冬天防寒。

☐ 做好防雨準備，雨天也可享受健走樂趣。

☐ 初學者先從「略微輕鬆」的速度走起。

☐ 調整運動強度或時間，可提升運動效果。

☐ 手持物品時，調整重心很重要。

☐ 老年人健走前，請事先徵詢醫師意見。

☐ 記錄健走日記，提升自己的健走意願。

PART 3

15 種對症健走法

威脅現代人健康的生活習慣疾病，主要有腰痠背痛、關節痛、骨質疏鬆症、憂鬱症等。然而，只要在健走運動上多下功夫，即可預防和改善這些疾病。現在，或許各位很難相信，但只要看過本章內容就會明白，走路治百病的功效了。

1 代謝症候群
從健走開始，養成運動習慣

各位，最近是否在意自己小腹突出，或衣服穿起來太緊呢？如果是的話，那最好開始留意自己有沒有「代謝症候群」。

代謝症候群這個名詞，是近幾年大家耳熟能詳且常見的詞彙，但真正瞭解其危險性的人並不多，可說是隱藏型疾病。

所謂的代謝症候群，是指內臟囤積脂肪的內臟脂肪型肥胖，同時血糖、血壓、血脂的檢查值，超過兩項以上異常的疾病。

雖然這些異常數值分開來看，對於健康的危害沒有這麼嚴重，然而，一旦同時發生便會互相產生不良影響，加速動脈硬化；此時，若置之不理，便很可能罹患中風或心肌梗塞等可怕的致命疾病。

內臟脂肪囤積，是導致代謝症候群的關鍵。而內臟脂肪囤積除了和遺傳或體質有關，不健康的生活習慣也是一大原因。

代謝症候群的成因

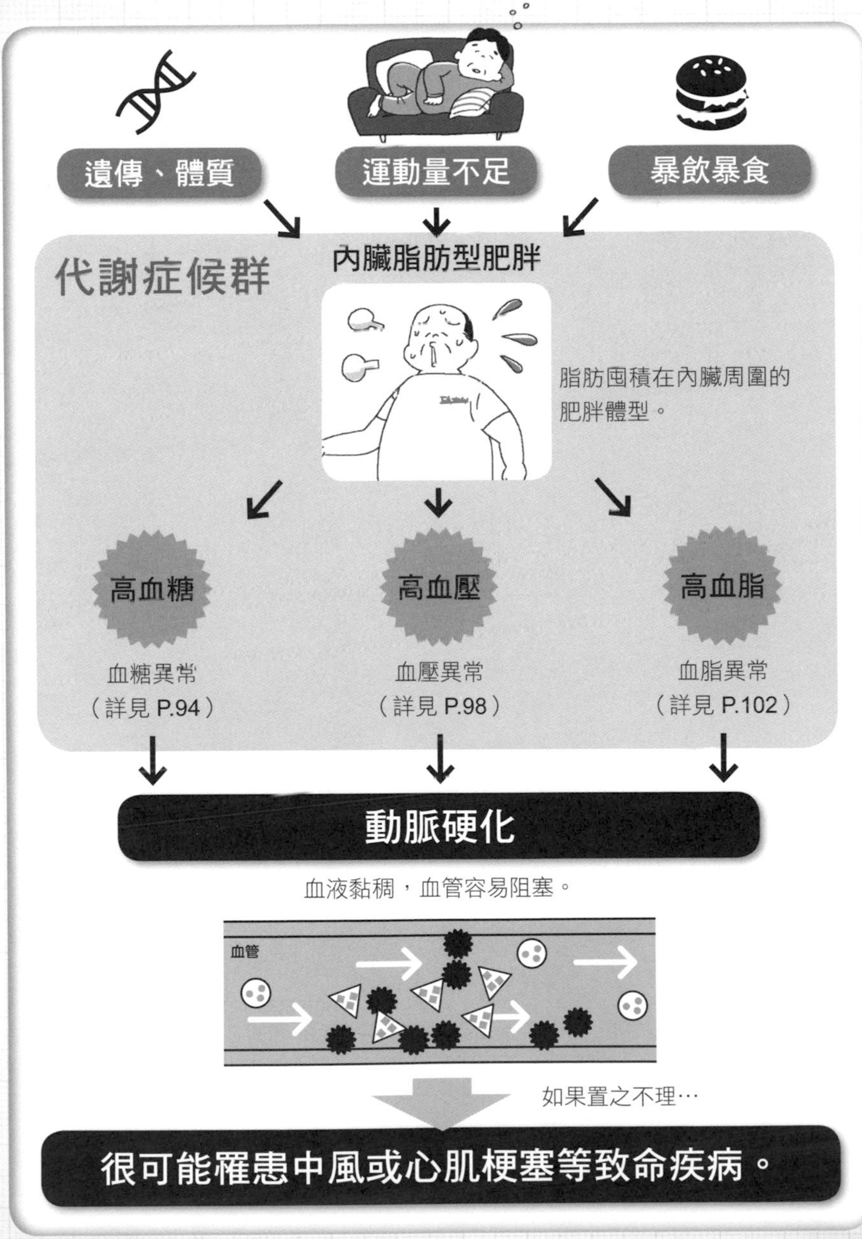
遺傳、體質
運動量不足
暴飲暴食
代謝症候群
內臟脂肪型肥胖
脂肪囤積在內臟周圍的肥胖體型。
高血糖
高血壓
高血脂
血糖異常
（詳見 P.94）
血壓異常
（詳見 P.98）
血脂異常
（詳見 P.102）
動脈硬化
血液黏稠，血管容易阻塞。
血管
如果置之不理…
很可能罹患中風或心肌梗塞等致命疾病。

另外，運動量不足、飲食習慣不良、吸煙、壓力過大等，以上這些不良生活習慣長期持續下去，也會造成內臟脂肪堆積，形成代謝症候群。

利用健走消除運動量不足

由此可見，代謝症候群的成因，主要就是不良的生活習慣，因此，改善生活習慣就能治癒代謝症候群。

首先，來解決運動量不足的問題吧！話雖如此，我們要從事消除內臟脂肪的運動才行，所以我推薦健走運動。

具體來說，就是請各位在日常生活中，進行生活式健走並且養成習慣，持之以恆地走下去；換言之，健走是消除內臟脂肪最基本且最有效的運動方法。

另外，若養成生活式健走習慣後，不妨偶爾也從事一下長距離健走或運動式健走。在自然環境中進行長距離健走，能消除壓力，而運動式健走則能增加運動量，加速燃燒內臟脂肪。

此外，也別忘了改善其他生活習慣，例如吃東西不要攝取太多鹽分和油脂，或戒掉喝酒抽煙的惡習。

總的來說，解決運動量不足和改善飲食，必定能改善代謝症候群。

Point

運動，內臟脂肪就會減少。

代謝症候群的診斷標準

必要項目		腰圍	男性 85cm 以上
			女性 90cm 以上

＋ 下面症狀有兩項以上。

選擇項目	血脂	三酸甘油脂	150mg/dl 以上	1
		或者		
		良性膽固醇	40mg/dl 未滿	
	血壓	最高血壓（收縮壓）	130mmHg 以上	2
		或者		
		最低血壓（舒張壓）	85mmHg 以上	
	血糖	空腹時的血糖	110mg/dl 以上	3
		或者		
		糖化血紅素	6.0% 以上	

消除代謝症候群的健走運動

基本

生活式健走

偶爾嘗試

長距離健走

偶爾嘗試

運動式健走

以生活式健走為基本，偶爾加入運動式健走或長距離健走，以改善運動量不足的問題。

2 肥胖
從事健走，可消除內臟脂肪

聽到「肥胖」，很少人會認為這是一種「疾病」吧！一般人多覺得減肥瘦身，只是為了美觀。事實上，肥胖是生病的前兆，因為比起身材苗條的人，肥胖者其生病的機率確實比較高。

基本上肥胖的原因，主要是不規律的飲食和運動量不足，導致體脂肪累積到一定的基準值以上。肥胖與否必須用「ＢＭＩ」這個數值來判斷，而不是體重。在日本ＢＭＩ超過二十五就算肥胖了（編按：在台灣根據衛福部公告，ＢＭＩ超過二十四就是必須注意的過重範圍）。請試著用ＢＭＩ來測量自己的體脂肪吧！

另外，肥胖又分為「內臟脂肪肥胖」和「皮下脂肪肥胖」。皮下脂肪肥胖，是指皮下組織的脂肪較多的肥胖類型，這種也稱為「西洋梨型」肥胖，主要以女性為主。另外，內臟脂肪肥胖則是脂肪囤積在內臟的肥胖類型，又稱為「蘋果型」肥胖，主要以男性居多。

這兩種肥胖，比較危險的是內臟脂肪肥胖。因為內臟脂肪增加會導致高血脂、高血壓、糖尿病，進而引發動脈硬化、腦中風、心肌梗塞。

計算 BMI 來判斷自己是否肥胖

BMI=體重（公斤）÷身高（公尺）÷身高（身高）

BMI	判定
18.5 以下	體重過輕（苗條）
18.5～25 以下	健康體位（正常）
25～30 以下	輕度肥胖
30～35 以下	中度肥胖
35～40 以下	重度肥胖

出處：日本肥胖學會（編按：台灣的數值區分與日本略不同，詳見衛福部網站公告）

例如：身高 160 公分，體重 65 公斤的人，
等於 65÷1.6÷1.6=25.39　25.39 即為輕度肥胖。

肥胖的類型

❶ 皮下脂肪型肥胖（西洋梨型）

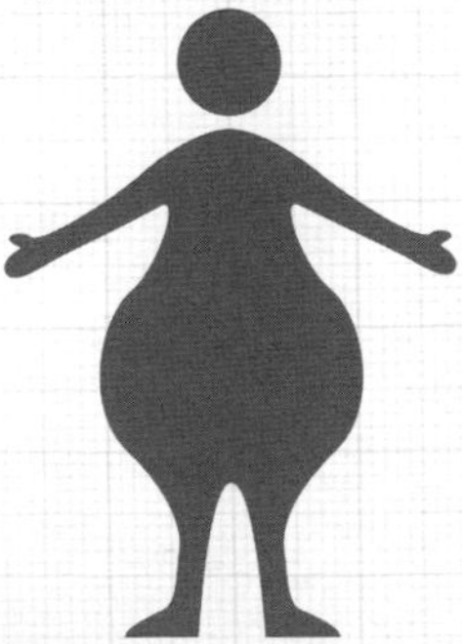

皮下組織有較多脂肪，多為女性。

❷ 內臟脂肪型肥胖（蘋果型）

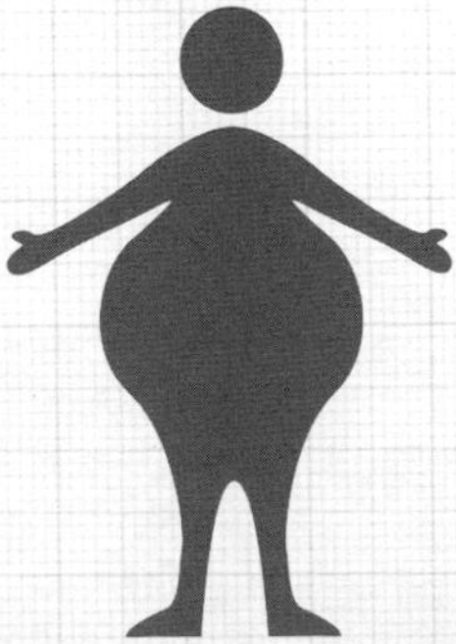

內臟囤積許多脂肪，男性居多。

因此，我們要特別注意內臟脂肪。不過，有時單靠ＢＭＩ也難以判斷內臟脂肪多寡。為此，最近除了測量ＢＭＩ以外，也有新增測量腰圍大小。若男性超過八十五公分、女性超過九十公分，就有內臟脂肪肥胖的可能性了。

嚴禁太劇烈的健走步調

內臟脂肪肥胖的人，單純限制飲食無法消除內臟脂肪，必須藉由充足的運動，才能消除內臟脂肪，因此，若是內臟脂肪肥胖者，請立刻開始執行健走運動。然而，肥胖的人從事劇烈健走，容易傷害膝蓋或腰部。為此，請用和緩的方式，每天慢慢地循序漸進增加，切勿心急。

事實上，增加健走步數，肌力也會跟著強化；待肌力強化後，膝蓋和腰部的負擔自然減輕，就可以走得更遙遠了，無形之中，就會形成一種良性的循環模式，逐步改善健康。換言之，若想利用健走消除內臟脂肪，就必須培養長遠的視野，最好拉長時間來觀察進展，不要急於消除脂肪。待養成健走習慣，健康檢查的數值一定也會跟著改善。

用較長的時間消除內臟脂肪，切勿心急。

改善肥胖的健走法

內臟脂肪肥胖非常可怕

內臟脂肪增加，會導致高血脂、高血壓、糖尿病等集病同時惡化，
最後引起動脈硬化、腦中風、心肌梗塞等症狀。

內臟脂肪光靠節食無法消除，
必須搭配健走運動才行

請用和緩的健走方式，每天慢慢地循序漸進增加健走步數。

小叮嚀！

請用長遠的視野健走，
不要急於消除脂肪。

【利用健走改善肥胖的案例】

A 先生一開始的【每日平均步數】（1 周平均）是 6853 步，
1 年後增加到 9557 步。

	健走前	1年後
體重	76.6kg →	69.8kg
BMI值	25.5 →	23.4
腰圍	88.0cm →	84.5cm

因為健走，BMI 值和腰圍都減少了！

3 糖尿病
飯後一至兩小時健走，穩定血糖

在所有生活習慣疾病中，最惱人的就是糖尿病；這種病症，是胰臟分泌的胰島素不足所造成的。這種疾病最可怕的地方，並非其本身，而是因糖尿病所引起的併發症。

我們平常吃的食物含有醣類，會被身體消化吸收，再轉化為葡萄糖進入血液中。血液中的葡萄糖，就是所謂的「血糖」。

在胰島素作用之下，血糖會轉為身體的動力來源。然而，當胰島素分泌不足、沒有確實發揮功效時，血液中的葡萄糖就無法被細胞吸收，造成血糖過高（高血糖）的異狀。這種症狀持續下去，就會引發糖尿病。

糖尿病患者初期沒有自覺，還能過著猶如一般人的正常生活。然而，一旦放任病情惡化下去，就會引發各種可怕併發症。

最常見的三大併發症是糖尿病視網膜病變、腎臟病、神經損害。這些都是糖尿病惡化後，所引發的微血管併發症。

糖尿病的原理

【正常】胰島素分泌和功能正常發揮

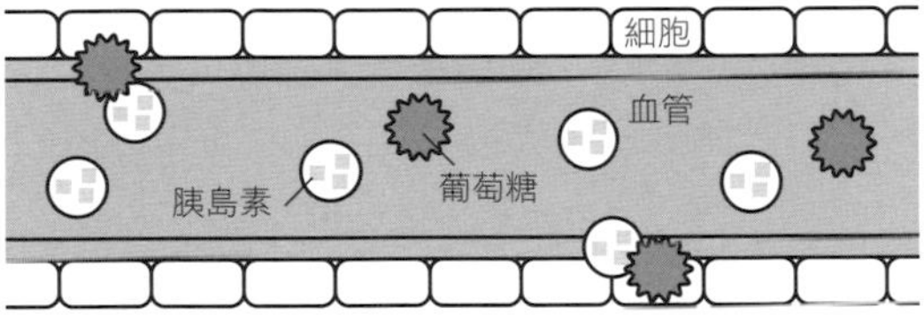

胰島素大量分泌，幫助血液吸收葡萄糖。

【異常】胰島素分泌和功能無法正常發揮

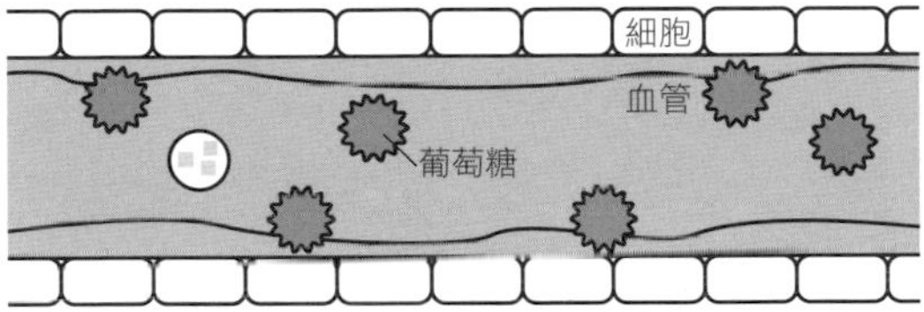

胰島素分泌不足，血液中的葡萄糖增加，導致「高血糖」的狀態。

高血糖的症狀持續下去，就會引發糖尿病。

恐怖的併發症

【微血管併發症】
糖尿病惡化後發作

- 視網膜病變……有失明的風險。
- 腎臟病…………需要洗腎。
- 神經損害……頭暈目眩、異常盜汗。

【大血管併發症】
潛伏性糖尿病時期，就開始惡化

- 腦中風……產生麻痺或語言障礙。
- 心肌梗塞……有猝死的風險。

不只如此，快要得糖尿病的潛伏期（潛伏性糖尿病），就有可能引發大血管的併發症，例如腦中風或心肌梗塞。

利用健走恢復胰島素分泌

糖尿病有造成失明、洗腎、致命重症的風險。萬一在健康檢查時，得知可能罹患糖尿病，就務必立即遵從醫生的指示，即早治療。

潛伏性糖尿病患者或輕微的糖尿病患者，主要的治療是飲食和運動療法。我建議在運動療法中加入健走運動。其實健走對潛伏性糖尿病或輕微糖尿病很有效，這時從事健走運動，可有效恢復胰島素的功效。

那麼該如何健走呢？通常血糖值是在飯後一到兩小時內升高，我們不妨在這個時間進行快步健走。最好每天實進行，並逐漸增加健走步數，以穩定控制血糖。

另外，也要定期請醫生測量血糖值，聽從指示來執行健走。基本上持續走半年，肌肉吸收血糖的功能就會變強，胰島素的功能也會恢復正常，就能漸漸控制糖尿病了。

當胰島素的功能恢復正常時，即可改善高血糖的症狀，預防糖尿病。請各位養成飯後健走的習慣吧！

Point

- 在血糖值最高的飯後健走，效果最好。
- 遵從醫師的指示，並定期測量血糖。

改善糖尿病的健走法

飲食療法

遵從醫師指示，養成一日三餐的良好飲食習慣。基本上，不要吃太多、也不要偏食。

運動療法

在血糖值最高的飯後 1～2 小時內，用略微快速的步調健走；記得要遵從醫師的指示。

【利用健走改善糖尿病的案例】

	剛開始健走		健走 1 年後	
姓名	每天平均步數	飯後 2 小時的血糖	每天平均步數	飯後 2 小時血糖
A先生	6853	150	9557	126
B先生	10950	165	11366	125
C先生	10609	149	13904	125
D先生	8039	172	11354	141

1 年後步數增加，每個人的血糖值都下降了。

❹高血壓
請用能保持笑容的速度行走

高血壓，也是一種生活習慣病。

至於如何判定是否有高血壓呢？原則上，最高血壓（收縮壓）超過一百四十，最低血壓（舒張壓）超過九十，就是高血壓。而最高血壓超過一百三十，最低血壓超過八十五，則符合代謝症候群的診斷標準。

高血壓會導致血管經常承受極大的壓力，如此，一旦血管壁受損增生後，彈性就會下降，提高膽固醇附著在內壁裡的風險，造成動脈硬化。

原則上，動脈硬化越嚴重，血壓就會越來越高。結果，又導致動脈加速硬化；高血壓就是這種會帶來惡性循環的可怕疾病。

此外，高血壓幾乎沒有自覺，置之不理容易產生中風、腦溢血、心肌梗塞、心室肥大、心臟衰竭、狹心症、腎臟硬化、腎衰竭、大動脈瘤、眼底出血等併發症，因此，正視高血壓問題，是非常重要的事情。

血壓的分類

最高血壓超過 140，最低血壓超過 90，就是所謂的「高血壓」。而最高血壓超過 130，最低血壓超過 85，則符合代謝症候群的標準。

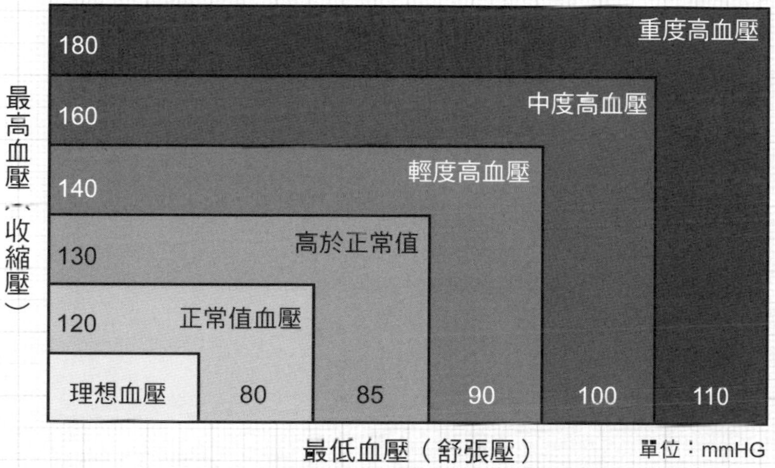

重度高血壓
中度高血壓
輕度高血壓
高於正常值
正常值血壓
理想血壓
180
160
140
130
120
80
85
90
100
110
最高血壓（收縮壓）
最低血壓（舒張壓）
單位：mmHG

高血壓的併發症

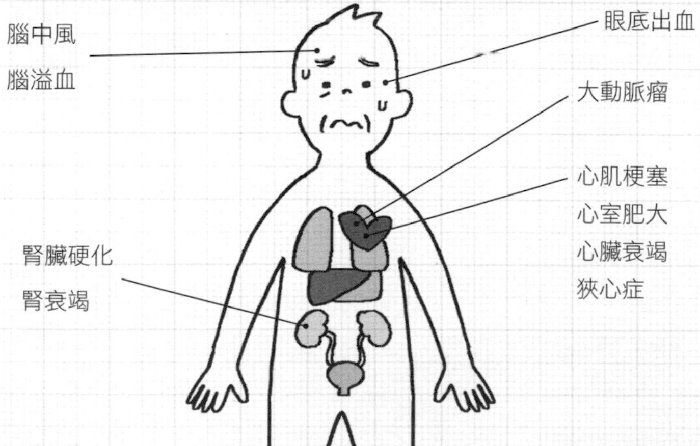

腦中風
腦溢血
眼底出血
大動脈瘤
心肌梗塞
心室肥大
心臟衰竭
狹心症
腎臟硬化
腎衰竭

高血壓置之不理，容易引起腦部、心臟、腎臟的併發症。

目前，高血壓的確切發病原因仍不明，但大多和鹽分攝取過度、酗酒、壓力太大、肥胖、運動不足有關。另外，胰島素功能不全引發的高胰島素血症，也是高血壓的原因之一。

健走速度不宜過快

改善「飲食」和從事「健走」，可有效預防和治療高血壓。

首先請注意飲食習慣，不要攝取過多的鹽和酒，並選用強度適中的健走做為運動療法。

消除高血壓的健走方式，要謹記緩慢的原則，建議用「可以維持笑容」的步調為基準，就是最適合的速率。

反之，快速行走是不可取的。因為一般有高血壓問題的人，多半也是肥胖的人。因此，有些人在解決高血壓之前，想用快步行走的方式消除肥胖，如此，對心臟會造成很大的負擔。為了避免誘發心臟問題的風險，請盡量養成每天緩步健走的習慣。

另外，事前也請先和醫師商量。而在健走時若有呼吸不順、胸悶、身體不適等症狀，也要馬上停止健走和醫師聯絡，千萬不要勉強。

Point

緩慢行走，
以免給心臟太大負擔。

消除高血壓的健走法

【高血壓的主因】

- 攝取過多鹽分 → 改變飲食習慣
- 酗酒 → 改變飲食習慣
- 壓力 → 健走可有效改善的症狀
- 肥胖 → 健走可有效改善的症狀
- 運動不足 → 健走可有效改善的症狀
- 高胰島素血症 → 健走可有效改善的症狀

盡量每天以緩慢的速度健走，效果最好。

能保持笑容的步調剛剛好。

注意 請先與醫師確認身體狀況，再開始健走，以免適得其反。

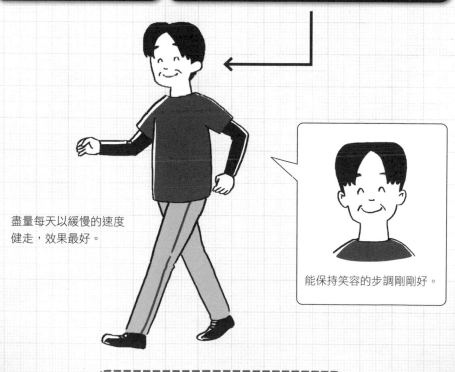

5 高血脂

遵守醫師指示的健走計畫

現在，有越來越多中老年人罹患了高血脂症（脂質異常症），只是其不像糖尿病或高血壓如此廣為人知。所謂的高血脂，是指血液中的「膽固醇」和「三酸甘油脂」增加，導致血液過於黏稠的病症。

膽固醇分為好的膽固醇（ＨＤＬ膽固醇）和壞的膽固醇（ＬＤＬ膽固醇）兩種。好的膽固醇會收集累積在血管壁的膽固醇，並且運往肝臟；而壞的膽固醇則會沉澱在血管壁上，使血管變狹窄妨礙血液流動，是一種有害人體健康的膽固醇。

另外，三酸甘油脂是從飲食中攝取的醣類和脂肪形成的，會運往全身成為能量來源，然而一旦三酸甘油脂過多，就會造成血管阻塞，影響血液循環。為此，在飲食上要特別留意三酸甘油脂的攝取量是否過多。

好的膽固醇本身沒有問題，但壞的膽固醇和三酸甘油脂增加，血管就會變得越來越窄，血液也會越來越黏稠，提高動脈硬化的風險。久而久之，便容易引起心肌梗塞和中風。

何謂高血脂症？

【血液中含有的脂肪】

膽固醇

好的膽固醇

又稱為 HDL 膽固醇，會收集血管壁上的膽固醇運往肝臟。

壞的膽固醇

又稱 LDL 膽固醇，會沉澱在血管壁上，阻礙血液流動。

三酸甘油脂

醣類和脂肪構成的能量來源，但三酸甘油脂過多也是影響血液循環的原因之一。

【一旦血液中的脂肪過多……】

血管越來越窄，血液也會逐漸黏稠。

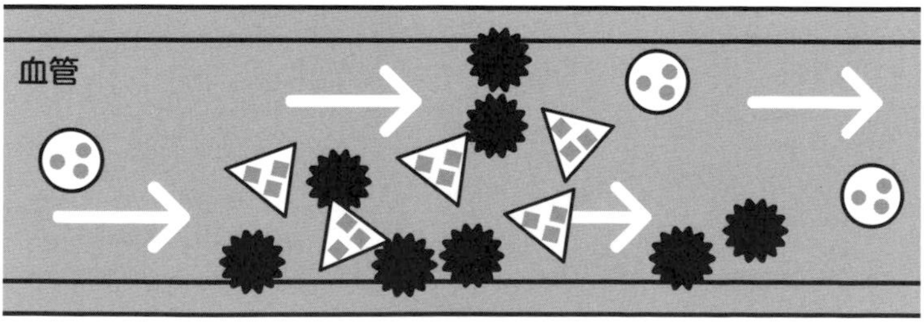

最後導致動脈硬化，提高罹患心肌梗塞和中風的風險！

健走能增加好的膽固醇

在日本，高血脂症患者越來越多，主因是飲食和生活習慣改變。日本人的主食從魚類、穀類、蔬菜，轉變為高蛋白、高脂肪、高卡路里的歐美式飲食，而日常生活中又缺乏活動身體的機會，罹患高血脂的人自然會逐漸增加。

因此，要預防或改善高血脂，首先必須重新審視飲食生活，解決運動量不足的問題。而健走，正是解決運動量不足的最好方法，有助良性膽固醇的增加，減少三酸甘油脂。

有心健走的高血脂症患者，最好先接受醫師的健康檢查，不要光靠自己的判斷就冒然健走。高血脂症的病患可能有動脈硬化的症狀，勉強運動容易引發狹心症、心肌梗塞、心律不整等疾病。

因此，建議高血脂症患者，務必按照專業醫師指示的步調健走，才能安心且有效的改善高血脂的症狀。

此外，特別需要注意的是，在健走過程中若有心悸的感覺就要馬上停止。而不同季節的注意重點也不一樣：夏季流汗過多有血栓的風險，冬天寒冷則會造成血壓上升，誘發心肌梗塞，務必要特別留意。

Point

與醫師合作，共同規劃長時間的健走計畫。

高血脂症的預防和改善方法

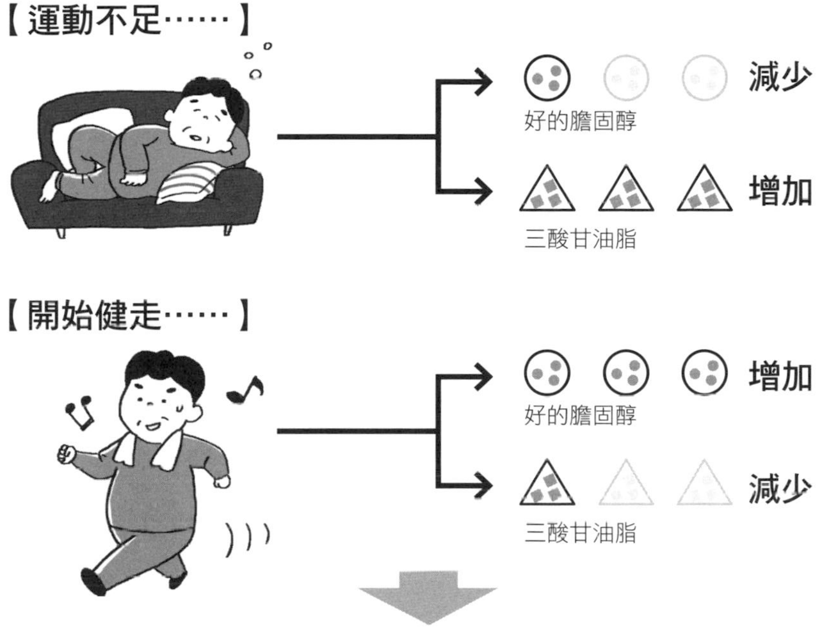
【運動不足……】
減少
好的膽固醇
增加
三酸甘油脂
【開始健走……】
增加
好的膽固醇
減少
三酸甘油脂

健走可以增加好的膽固醇，減少三酸甘油脂！

解決高血脂症的健走法

請依照醫師的指示
進行健走計畫

WALKING

持續健走一段時間，首先三酸甘油脂會減少，久而久之，好的膽固醇也會增加。

6 脂肪肝
先輕鬆走，再慢慢增加強度

急性肝炎、慢性肝炎、脂肪肝、肝硬化等肝臟疾病，統稱為肝功能異常。原則上發病原因有很多可能，卻和不良的生活習慣最有關係；其中一項疾病，就是脂肪堆積在肝細胞的「脂肪肝」。

脂肪肝會造成肝臟機能下降，進而發展成肝硬化的可能，併發高血脂症和糖尿病的人也不在少數。

形成脂肪肝的三大原因，不外乎暴飲、暴食、運動量不足。然而，留意飲食生活的同時，持續健走可有效預防和改善症狀。

生活式健走是最適合的健走方式，步調輕鬆一點也沒關係，盡量增加健走步數比較重要。待習慣以後，再嘗試運動強度比較高的健走。

像這樣持續健走，即可消除內臟脂肪和血液裡的三酸甘油脂。

Point

努力健走，就能擊退
內臟脂肪和三酸甘油脂。

肝臟機能異常的惡化狀況

❶ 急性肝炎

肝細胞劇烈受損，造成急性肝炎。

❷ 慢性肝炎／脂肪肝

肝炎持續半年以上，就會發展成慢性肝炎；若三酸甘油脂持續累積，則會變成脂肪肝。

❸ 肝硬化

慢性肝炎長期下來，肝臟會逐漸硬化，導致肝功能極度衰退。

❹ 肝癌

肝硬化置之不理，最終就會演變成肝癌。

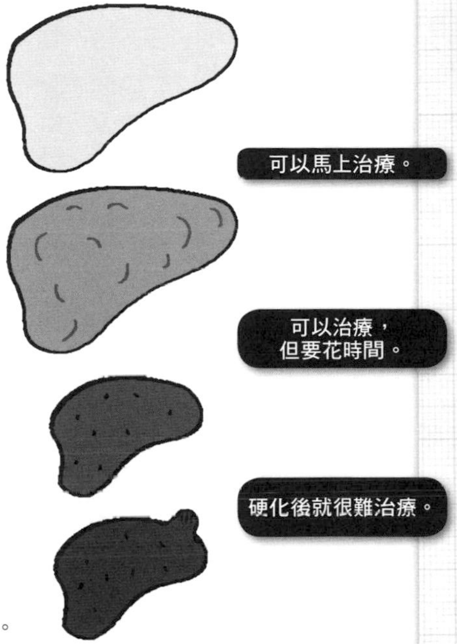
可以馬上治療。
可以治療，但要花時間。
硬化後就很難治療。

消除脂肪肝的健走方法

❶ 生活式健走

先輕鬆健走，步數要盡量比平時多。

❷ 運動強度略高的健走

習慣健走後，再從事強度較高的長距離或運動式健走。

7 痛風
請用非常輕鬆的步調行走

據說痛風的劇烈疼痛，就像被鋸子或鑽頭凌遲一樣；這個疾病的患者幾乎是成年男性，發病原因是細胞的代謝物——尿酸。

尿酸在體內生成過多時，便無法順利排出；而血液中的尿酸難以完全溶解時，就會結晶化囤積在關節裡；這就是導致劇烈疼痛的原因。

尿酸是肝臟或酒精等物體裡隱含的嘌呤所生成的，因此，改變飲食習慣是預防和改善痛風的第一步。此外，利用健走提升新陳代謝機能，也能加速體內尿酸排除，進而改善痛風的症狀。

有效消除痛風的健走方法，就是用非常輕鬆的步調健走：促進血液循環提升代謝機能，增加排泄尿酸的效果。另外，確實做好暖身運動，也有促進尿酸排泄的效果。反之，從事太過激烈的健走，反而有提高血液中尿酸值的風險，務必特別留意。

Point

不要從事激烈健走，
遵守輕鬆的步調即可。

容易產生痛風的部位

無法溶入血液中的尿酸（細胞代謝物），會化為結晶累積在關節裡，引起劇痛。

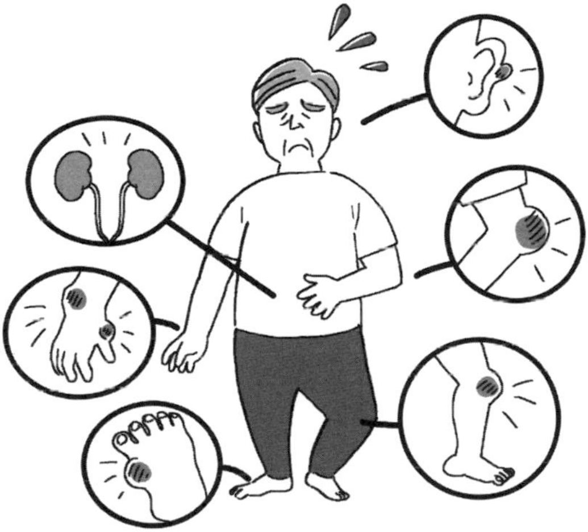

消除痛風的健走方法

用非常輕鬆的步調健走

促進血液循環，提升新陳代謝，加速尿酸的排除。

激烈健走

腎臟的血流減少，導致血液中的尿酸增加，反而容易引起痛風發作。

小叮嚀！

流汗過多導致身體脫水時，血液中的尿酸值也會上升，因此健走時務必勤加補充水分，建議每 15 分鐘補充一次。

8 腰痛・關節痛

配合伸展一起進行，能減緩疼痛

近年電腦普及，長時間久坐的工作也增加了。另外，交通技術的發達，也剝奪我們行走的機會，為此，運動量不足的人也越來越多。

由於這種生活方式的變化，有「腰痛」問題的人也逐漸增加。其中最嚴重的，莫過於椎間盤突出。

脊椎是由二十四塊骨頭，像積木一樣堆疊而成的，每塊骨頭之間各有軟骨。這些軟骨就是所謂的椎間盤。椎間盤具有緩衝脊椎壓力的功效，但老化和姿勢不良會造成椎間盤脫離原本的位置，壓迫到神經引起劇痛或麻痺；這也是椎間盤突出的病理。

另外，隨著社會高齡化，老年人口增加，關節痛的問題也越來越多了。

關節痛是關節表面的軟骨磨損所引起的症狀，主因是老化和肌肉使用方式錯誤。

容易引起關節痛的部位，包括肩膀、手指、腰部、膝蓋、腳趾，其中膝蓋的關節疼痛是最常見的，因為膝蓋關節承受了人體大部分的重量，相當吃力。

膝關節疼痛初期幾乎沒有症狀，但時日一久，在上下樓梯時就會有強烈的痛楚。

椎間盤突出的成因

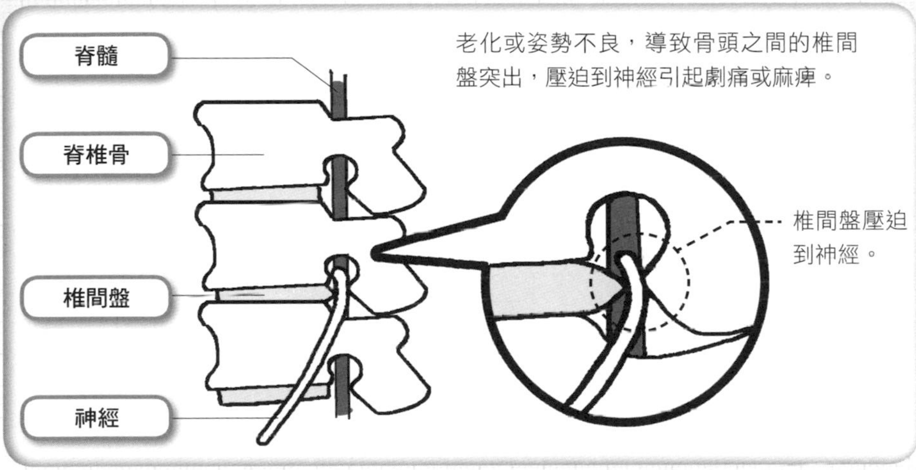
脊髓
脊椎骨
椎間盤
神經
老化或姿勢不良，導致骨頭之間的椎間盤突出，壓迫到神經引起劇痛或麻痺。
椎間盤壓迫到神經。

容易引起關節痛的部位

老化和肌肉使用方式錯誤，
是關節痛的主因。

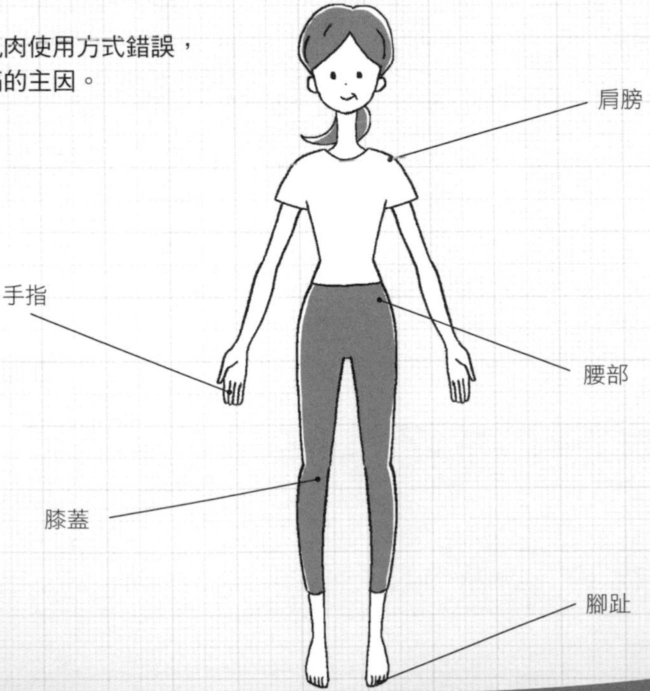
肩膀
手指
腰部
膝蓋
腳趾

搭配伸展運動一同進行，效果更好

腰痛和膝關節疼痛一旦發作，請務必去看醫師找出疼痛原因。如果是高齡的骨骼老化，或肌肉錯誤動作所導致的，則可以先從健走開始，能有效改善部分不適症狀。

由於健走對腰部和膝蓋的負擔較少，使用腹肌、背肌、大腿肌等肌肉的方式又不易偏頗，所以能鍛鍊年歲增長而退化的下盤，矯正身體不端正的姿勢。

此外，利用健走解決腰痛或關節痛時，最好搭配伸展運動一併進行。

首先遵從醫師的指示，依照症狀選擇適合的走法。基本上是用緩慢的步調增強肌力，如果痛到站不起來，請先學習如何站立。如果痛到不方便行走，請先走一點路就好。

接著，依照症狀挑選適合的伸展運動，來緩解腰部或關節疼痛。祕訣是以不會氣喘吁吁的步調慢慢做，並以每天能持續下去的分量為準，千萬不要太心急，一次做很多動作或做很長的時間。

然而，萬一身體不適，請立即停止運動，千萬不要忍痛勉強。

Point

利用健走強化肌力，
再配合伸展運動緩解疼痛。

消除腰痛、關節疼痛的健走方法

❶ 以緩慢的步調健走

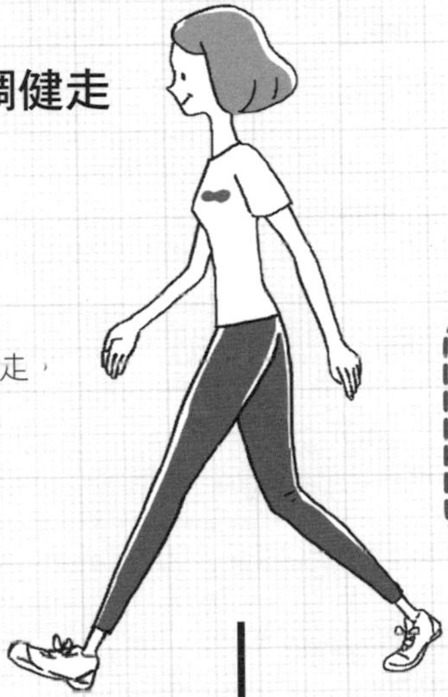

慢慢花時間健走，
以增強肌力。

注意

請遵照醫師指示，依照症狀選擇合適的健走方式。

一走路就會痛

- **試著減少健走步數。**
- **試著降低健走速度。**

走起來不太痛

- **慢慢增加健走距離。**

❷ 做伸展運動

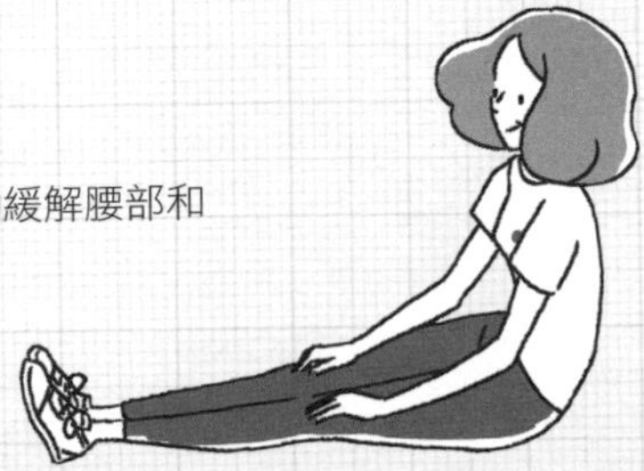

利用伸展運動緩解腰部和膝蓋疼痛。

以不會呼吸急促的緩慢步調，完成每天能持續進行的運動量。

9 骨質疏鬆症
一邊曬太陽一邊健走，效果最好

現代的社會，活到七十、八十歲以上，已是稀鬆平常的事情。然而，隨著社會逐漸高齡化，許多問題也開始浮現，其中，一個新問題就是「骨質疏鬆症」。

骨質疏鬆症是一種骨骼密度下降，導致容易骨折的疾病；患者大多以女性為主。

骨骼內部有類似網狀的組織，可以承受某種程度的衝擊。然而，骨質疏鬆症的患者，骨骼內部的組織變得稀疏脆弱，一不小心滑倒用手撐住地板，都有可能輕易骨折。另外，脊椎骨弱化也會造成駝背、腰痛等症狀。

骨骼密度下降的最大原因，是停經後女性荷爾蒙減少的緣故。各位可參考左頁圖表，就能瞭解女性到了五十多歲，骨骼密度驟降的情況。

此外，老化、鈣質不足和運動量不足，也是骨骼密度下降的主因。

骨骼密度的變化曲線

骨質疏鬆症，多半是老化所引起的骨骼密度下降的病徵。

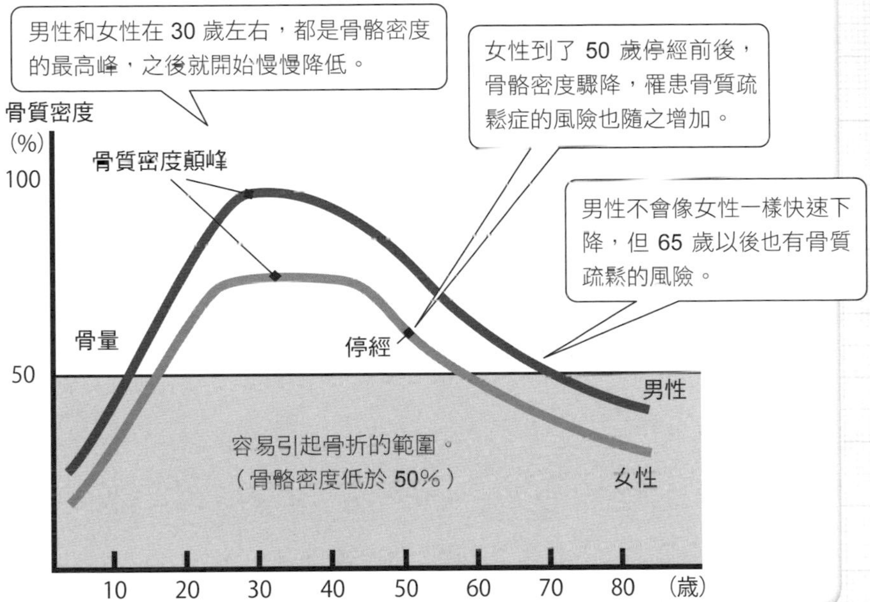
男性和女性在 30 歲左右，都是骨骼密度的最高峰，之後就開始慢慢降低。
女性到了 50 歲停經前後，骨骼密度驟降，罹患骨質疏鬆症的風險也隨之增加。
男性不會像女性一樣快速下降，但 65 歲以後也有骨質疏鬆的風險。
骨質密度
(%)
100
50
骨質密度顛峰
骨量
停經
男性
女性
容易引起骨折的範圍。
（骨骼密度低於 50%）
10
20
30
40
50
60
70
80
(歲)

骨質疏鬆症的症狀

骨骼密度降低，就容易引起骨折。脊椎骨弱化也會造成駝背、腰痛等症狀。

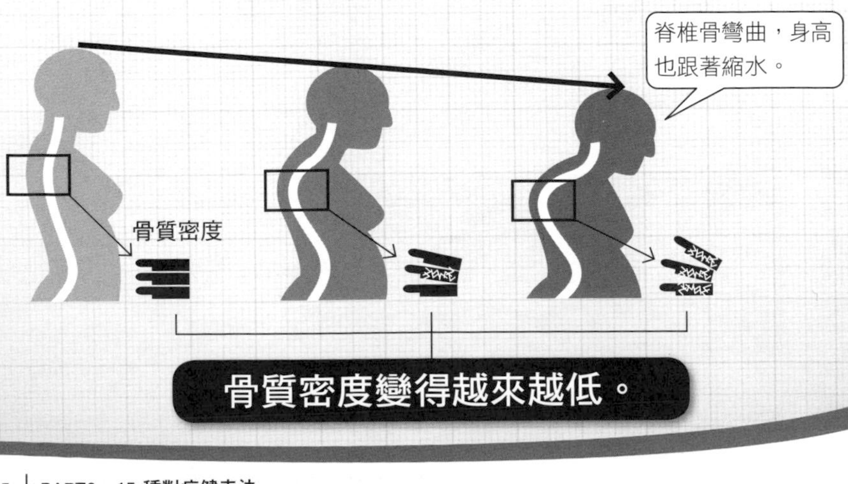
脊椎骨彎曲，身高也跟著縮水。
骨質密度
骨質密度變得越來越低。

曬太陽可製造有益骨骼健康的維生素D

想治療骨質疏鬆症，有下列幾項方法：

一、多攝取鈣質。

二、多曬太陽。

三、多運動。

由於骨骼是鈣質生成的，而曬太陽有助合成維他命D，幫助鈣質吸收。利用運動給予骨骼適當的刺激，也能增加骨骼的強度。因此，積極攝取鈣質後在太陽下健走，可有效預防和改善骨質疏鬆症的問題。

此外，利用健走消除骨質疏鬆症，有一點要特別留意，請先用伸展運動或輕鬆的體操，來紓緩肌肉和關節。

接著，在原地輕輕踏步，利用「原地健走」刺激骨骼，強化下半身的肌力。若還有餘力的人，不妨用正確的姿勢進行深蹲。

待肌力增加後，首先在平地健走就好。健走時請保持寬裕的步距，以及安定的姿勢。此外，我建議偶爾加入爬坡或上下樓梯，給予肌肉和骨骼更多的刺激。

想保持骨骼健康，不必做很劇烈的運動，健走就夠了。

Point

利用「原地健走」鍛鍊肌肉，
待肌力增加後再走平地或坡道。

消除骨質疏鬆症的健走方法

〔有效治療骨質疏鬆症的方法〕

❶ 多攝取鈣質　❷ 多曬太陽　❸ 多運動

↓

健走就對了！

↓

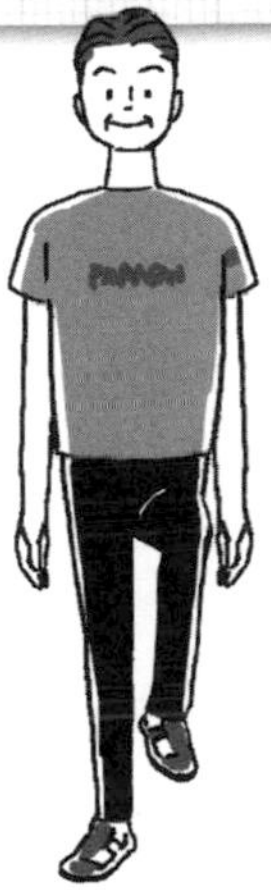

STEP 1

在原地踏步，利用「原地健走」刺激骨骼，增加下半身肌力。

STEP 2

有了某種程度的肌力後，在平地上健走。偶爾加入爬坡或走樓梯也不錯。

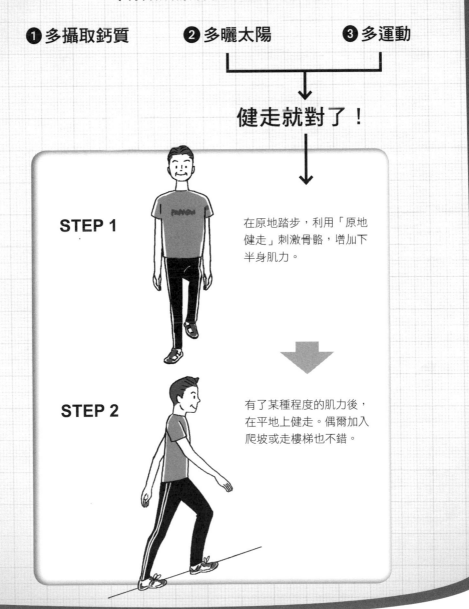

⑩ 失眠
睡前散步，製造適度疲勞感

據統計，每五個日本人中，就有一人患有睡眠障礙的問題，其中失眠症，包含了難以入眠的障礙、半夜醒來的中途清醒、睡眠深度不足的淺眠障礙、清晨太早醒來的早醒失眠等症狀。

睡眠不足，容易產生集中力下降、暴躁易怒、容易發胖等不良影響。那麼，究竟該如何改善睡眠不足的問題呢？

原則上，失眠的原因多為不健康的生活習慣、身心疾病、壓力、睡意不夠等，而健走有助改善睡意不足的毛病。

為此，建議在就寢前兩小時，試著眺望夜空輕鬆健走吧！適度的疲勞感能幫助入睡。然而，激烈的健走會導致體溫升高、腦部活化，反而會睡不著，因此，建議保持輕鬆的步調健走即可。

Point

健走產生的適度疲勞感，有助入眠。

失眠的症狀

❶ **入眠障礙** 一直睡不著。

❷ **中途清醒** 半夜突然醒來。

❸ **熟睡障礙** 睡得著，但深度不夠。

❹ **早醒失眠** 清晨太早醒來。

改善失眠問題的健走方法

睡前 2 小時，先稍微健走一下再就寢。

注意

步調不可以太劇烈，激烈運動會導致體溫上升、腦部活化，反而更難入睡。

11 壓力
走出戶外，在大自然中享受健走

我們的日常生活中，充滿了各式各樣的壓力來源，例如職場和家庭的事物、人際關係產生的複雜情感、過剩的聲光等。心靈受到刺激後產生的壓力，會逐漸影響我們的身心。

我們的心靈，是靠交感神經（緊張狀態的神經）和副交感神經（放鬆狀態的神經）保持平衡。當情緒緊張的時候，生理的指針會偏向交感神經，反之，放鬆時則偏向副交感神經。當這個指針對壓力成因過於敏感時，就會產生焦慮。

想要緩和壓力，最重要的就是適當的運動和休息。當各位感受到壓力，或遭受慢性壓力折磨時，不妨在自然中健走吧！或者，去書店或百貨公司等自己喜歡的地方散步，也是一個不錯的選擇，如此可以緩和情緒，安定心神。

Point

在自己喜歡的環境中散步，能減輕壓力，安定情緒。

情緒運作的原理

放鬆狀態

交感神經
副交感神經

情緒放鬆時，
指針偏向副交感神經。

緊張狀態

交感神經
副交感神經

情緒緊張時，
指針偏向交感神經。

壓力狀態

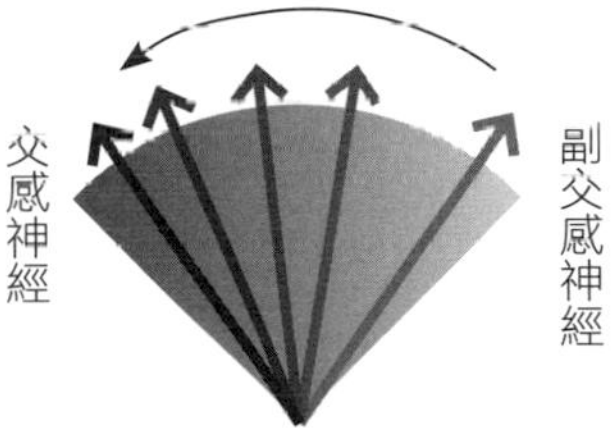
交感神經
副交感神經

對壓力成因過於敏感時，就會心生焦慮。

消除壓力的健走方法

在自然環境或自己喜歡的場所健走，可均衡發揮五感，幫助安定情緒和緩解壓力。

小叮嚀！

把健走視為每天一定要執行的工作，反而會有反效果。不要想太多，順其自然走就對了。

⑫ 憂鬱症

利用快慢交替的步速，刺激大腦

基本上憂鬱症大都是心因性憂鬱症，例如工作壓力過大或被上司斥責，導致精神受創而發病，其症狀是沒有食欲、睡不好、不想與人交際等；這些症狀持續三周以上，就有可能是心因性憂鬱症的徵兆。

健走，對改善心因性憂鬱症非常有幫助。因為走路可活化腦部，幫助思緒放鬆。

其中最有效且廣受矚目的方式，是能勢博教授等人（信州大學）研究的「間歇健走」。所謂的間歇健走，就是以快慢交替的速度行走，藉以刺激大腦的方法。不喜歡用相同步調長時間健走的人，使用這種快慢有別的方法，走起來也會感到比較輕鬆。

但是，強迫自己每天健走、當作例行公事也容易累積壓力，因此，也不要太勉強比較好。

Point

改變健走步調，
可刺激活化大腦。

檢查是否有心因性憂鬱症

沒有食欲

睡不好

不想和人交際

□ 1 周內就恢復

↓

沒有問題

□ 超過 3 周以上

↓

可能有心因性憂鬱症

何謂間歇健走？

［大步行走（速度略快）］　［輕鬆行走（緩慢）］　［大步行走（速度略快）］　［輕鬆行走（緩慢）］

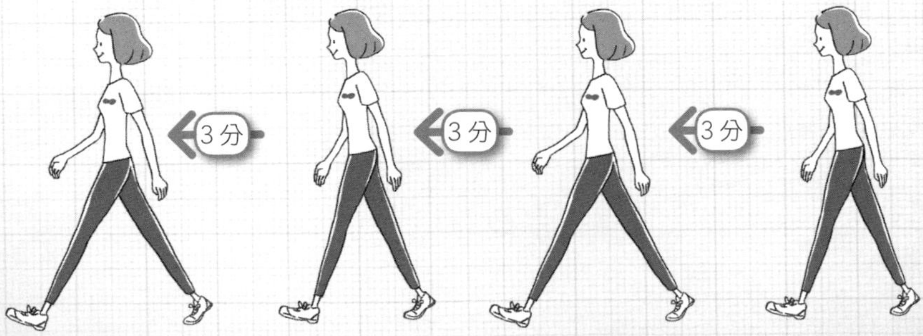

先緩步行走 3 分鐘，再以略快的速度行走 3 分鐘。
如此反覆交替可刺激大腦，幫助思慮放空。

⑬ 癱瘓
健走，可降低腦中風的風險

日本是世界首屈一指的長壽國，然而不便於行的老年人也不在少數。西元兩千年時，不便於行的人數攀升至一百二十萬人，預估到二〇二五年，會增加到兩百三十萬人左右。

根據日本國民生活基礎調查（二〇一三年）的數據，不便於行或癱瘓的首要原因，是腦中風等腦部血管疾病，佔了二十一・七％；其次是失智症，佔了二十一・四％；最後則是高齡化的衰弱佔了十二・六％。

第一名的腦中風，是動脈硬化導致腦血管破裂或阻塞的疾病。那麼，引起腦中風的原因是什麼呢？

暴飲暴食、抽煙等不良生活習慣，會引起「死亡四重奏」的高血壓、高血脂、肥胖、高血糖症狀；這些症狀皆是造成動脈硬化，導致腦中風的最大危機。

腦中風一旦發作，即使救回一命，也很可能有身體麻痺或語言障礙等嚴重後遺症。因此，很多人中風後，就會變成半身不遂的癱瘓狀態。

造成癱瘓的原因

首要原因是腦中風！

資料來源：日本國民生活
基礎調查（2013年）

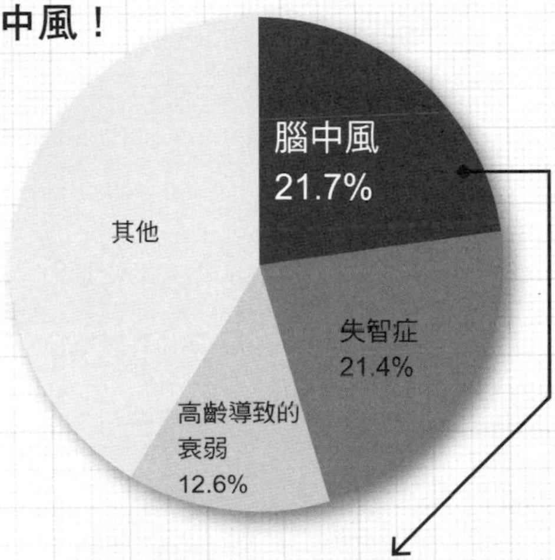
腦中風
21.7%
失智症
21.4%
高齡導致的
衰弱
12.6%
其他

【造成腦中風的過程】

生活習慣惡化

暴飲暴食、抽煙、酗酒常態化

↓

引發「死亡四重奏」的危險因子

高血壓　高血脂　肥胖　高血糖

↓

動脈逐漸硬化

血管內囤積脂肪

↓

腦中風

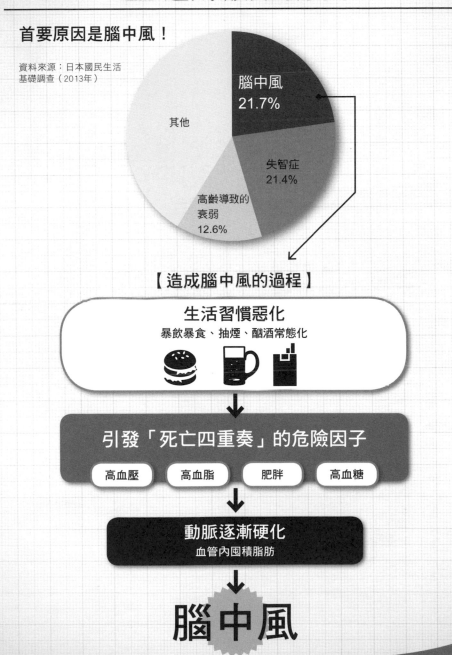

落實生活式健走

腦中風是癱瘓的最大原因，因此，當務之急就是是思考預防腦中風的方法；而健走就是預防腦中風的最佳方法。此外，引起動脈硬化的「死亡四重奏」也能靠步行來改善。

具體做法，是頻繁利用生活式健走，將日常生活變得更為活潑好動。同時，改變飲食習慣，去除動脈硬化的危險因子。

另外，健走也可預防「失智症」和「老年衰弱」等癱瘓的主因。下一篇會詳細解說失智症，這裡先解說預防老化衰弱的健走方式。

老年人要過得健康，就必須擁有強健的骨骼、關節、肌肉。一旦這些部位出問題，就沒辦法依靠自身的力量行走，進而容易導致癱瘓。

有些人利用健步器來運動，但其缺點是只會鍛鍊相同的肌肉。相對於此，在戶外健走的功效會比較好，因為外面有坡道或階梯，能運用到各部位的不同肌肉群。

健走是最適合預防腦中風的方式，因此，請務必即早養成健走習慣。

Point

健走能預防腦中風和老化衰弱。

預防癱瘓的健走方法

❶ 利用生活式健走預防腦中風

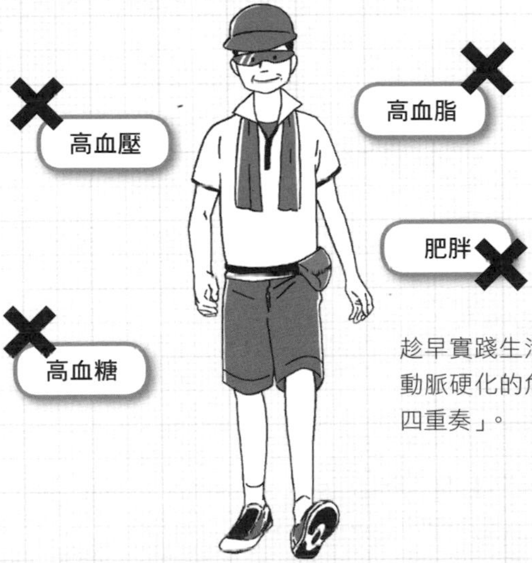

趁早實踐生活式健走，消除動脈硬化的危險因子「死亡四重奏」。

❷ 在戶外健走，減緩老化衰弱

在戶外健走會運用到各部位肌肉，可有效強化骨骼、肌肉、關節。

小叮嚀

健步器幾乎只用到相同部位的肌肉，因此建議多到戶外走走，訓練不同肌群。

14 失智症
「行走」的命令，對腦部有刺激效果

造成癱瘓的第二大原因，是失智症，其又分為血管性失智和阿茲海默症兩種。

血管性失智的原因是腦血管阻塞，但阿茲海默症的病因還不清楚。不過，我們已經知道健走有預防和改善失智症的功效了。

人類在步行時，大腦會命令肌肉行走。開始行走後，眼睛和耳朵等感覺器官，會替大腦收集訊息。換句話說，大腦和身體會相互刺激，這個刺激有助預防和改善失智症惡化。

解決失智症的健走方式，是先從輕鬆的步數開始，再慢慢增加速度和距離。

另外，努力動腦編排健走計畫，不但可以活化大腦，在外行走也能增加與人相處的機會，改善失智的症狀。

Point

刺激大腦與身體，是預防失智症的最佳方法。

15 癌症
健走，是預防癌症的萬靈丹

日本人的第一大死因，就是令許多人都感到害怕的癌症。二〇一二年的癌症死亡人數，約三十六萬人，比第一名因心臟疾病死亡的人數高出十五萬人之多，遙遙領先其他疾病；相信大家都很清楚這是多麼嚴重的疾病吧！

隨著年紀增長，癌症的發病機率也越高。因為人體老化，會使攻擊和抑制癌細胞增生的免疫機能下降。

另外，有些種類的癌症，也和肥胖或荷爾蒙分泌有關。具體來說，乳癌和前列線癌就是一例。

運動有提高免疫機能的作用，因此健走是非常有效的預防方法。當然，健走也有消除肥胖、刺激荷爾蒙活化的功效。

也就是說，健走有預防癌症的諸多功效。為此，注意飲食均衡並養成健走習慣，即可預防癌症。

Point

健走可有效預防各種癌症。

確實掌握自身健康狀態！

善用健康檢查，打造更健康的身體

生活習慣病的惡化，幾乎是沒有感覺的，通常等到你發現身體不適時，就已經非常惡化了。因此，最好養成每天測量體重、體脂肪、血壓、步數的習慣，客觀掌握自己的健康狀況。另外，健康檢查也是打造健康身體，不可或缺的要素。

許多人每年都有接受健康檢查，但難得接受檢查，只會隨結果或開心或失落，一點意義也沒有；最重要的是如何善用「健診結果」，確實改善健康。

健康檢查的結果顯示方法，依照檢查機關而有若干差異。一般來說共分五類，A是沒有異常（基準值內），B是有些微變化，C是需要觀察，D是需要治療，E是需要精密檢查。被判定為D的人，需要立刻接受治療，請盡快到醫療機構就診。（編按：臺灣的健檢報告則是有異常的數字會以紅字標示，再由健檢單位依科別安排患者進一步追蹤檢查。）

最難判斷的是C級，亦即「目前沒有患病，但也稱不上健康」的分水嶺。這種情況下，也許醫師只會叮嚀你多留意，但置之不理可能有惡化的風險，因此請務必小心。

四大身體健康指標

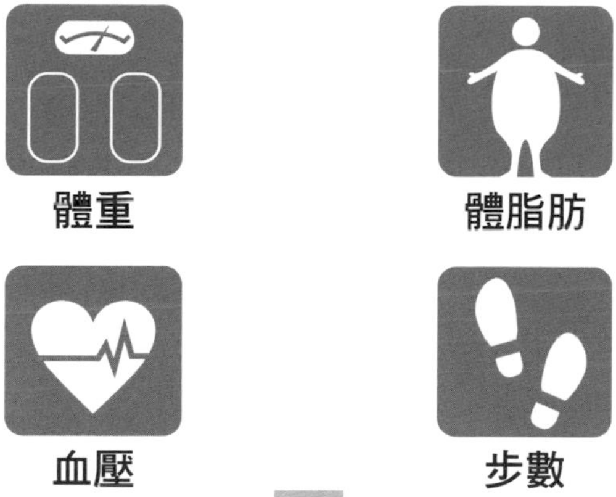

**建議每天測量以上數值，
客觀掌握健康狀況。**

如何看懂健康檢查報告

判定代號	判定	內容
A	沒有異常	基準值內。
B	稍有變化	稍有變化，目前還不必擔心。
C	需要觀察	目前沒有患病，但也稱不上健康。
D	需要治療	有治療的必要。
E	需要精密檢查	接受精密檢查，確認有無異常。

→ **這是健康與否的分水嶺，若持續置之不理，
病情就會越來越惡化……**

「結果異常」時的應對方法

一旦健診的結果異常，請務必接受第二次檢查。

我們必須要理清楚是生活習慣造成的，還是其他原因（例如遺傳或環境）造成的。如果是生活習慣造成的，也要找出是哪一種生活習慣；這點可請醫師協助幫忙判斷。

誠如先前所述，生活習慣病大多是飲食習慣和運動量不足互相影響而發生的。另外，抽煙酗酒或壓力過大也是原因之一。

假如結果異常的原因是運動量不足，健走就是最佳的入門運動，但若是其他原因造成的，說不定健走也很難有預期的功效。

總的來說，首先請找出結果異常的原因，是出自哪種生活習慣，並且改正不良的作息。

之後再次接受檢查，確認情況有無改善。有改善的話就代表是生活習慣造成的，沒改善的話就另找其他原因。

請善用健康檢查結果，打造健康的身體吧！

Point

如果異常的原因是生活習慣，請立刻改善作息、開始運動。

健診結果異常時，怎麼辦？

請醫師調查健診異常的原因，究竟出自何種生活習慣，並且改正不良作息。

↓

過一陣子後，再次接受檢查。

有改善

代表原因是生活習慣，最好重新審視飲食習慣，改善運動量不足的問題，調整生活作息。

沒改善

有可能是其他原因，最好遵照醫師指示治療。

健走沒有效果怎麼辦……

❶健走效果何時顯現？這點因人而異，有時要長時間持之以恆，才能看到顯著的改善效果。

❷除了運動量不足外，也有可能是生病的關係。改變飲食習慣，也有改善的可能。

❸萬一是生病、遺傳、體質因素，單靠健走改善效果有限，必須配合個別疾病治療。

❹病情惡化太嚴重時，單靠改善生活習慣不見得有效，必須配合飲食或藥物治療。

PART 3 本章重點

- □「代謝症候群」的人，從健走開始養成運動習慣。
- □「肥胖」的人，請用緩慢健走消除內臟脂肪。
- □「糖尿病」的人，在飯後健走特別有效。
- □「高血壓」的人，請保持輕鬆的健走步調。
- □「高血脂症」的人，健走前請先尋求醫師協助。
- □「脂肪肝」的人，盡量提升健走步數。
- □「痛風」的人，健走時要積極補充水分。
- □「腰痛和關節痛」可以靠健走和伸展運動緩解。
- □ 在太陽下健走，可預防「骨質疏鬆症」。
- □「失眠」的人，在睡前不妨稍微健走一下。
- □「壓力」太大時，到自然環境中健走。
- □ 間歇健走，能有效預防「憂鬱症」。
- □ 健走可預防腦中風所引起的「癱瘓」。
- □ 大腦和身體互相刺激，可預防「失智症」。
- □ 健走可有效預防「癌症」。
- □ 請善用健檢結果，並搭配健走，改善健康。

PART

4

10 大常見健走不適症狀

健走的用意是維持和改善健康，然而，用錯誤的方式健走，反而會導致疾病和傷害。本章要教導各位正確的健走方式，以及常見的健走不適症狀，該如何有效改善。

1 受傷或疼痛時，請先休息觀察情況

雖然在各式各樣的運動中，健走是最安全的種類，但也不是完全不會受傷。

一旦稍微有疼痛的感覺，就要休息觀察情況，待疼痛和緩後再開始健走。若持續疼痛多日未改善，就必須盡速就醫。

最要不得的，就是強忍疼痛健走。

人體會自動替疼痛的部位借力，如此一來，患部對角線上的部位會加重負擔，造成新的疼痛出現。

就算一開始是輕微疼痛，那也是提醒我們身體負擔過大的重要警訊。尤其對中老年人來說，萬一處置失當，很可能引起更重大的傷害，因此必須謹慎看待疼痛問題。

本章將介紹，如何預防和治療常見的健走不適症狀。學會正確的應對方法，就能長久享受健走的樂趣。

Point

- 不要強忍痛楚。
- 疼痛症狀若多日未改善，就要到醫院檢查。

容易疼痛的部位

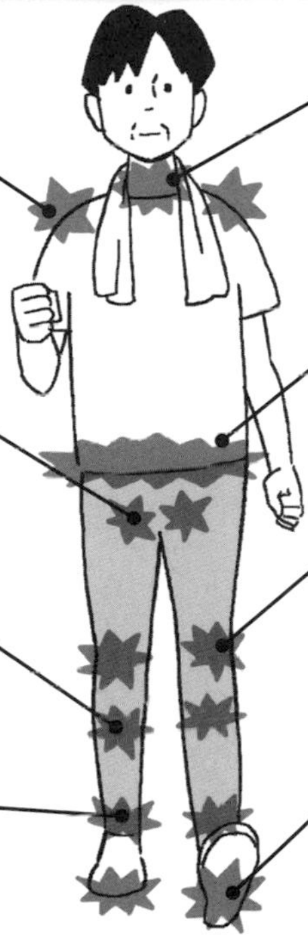

肩膀
姿勢不良、負重都會導致疼痛。

頸部
頭部的重量、錯誤的姿勢、負重都會導致頸部疼痛。

髖關節
姿勢不良會導致疼痛。

腰部
姿勢不良會導致疼痛。

脛骨
肌力不足、落地姿勢不安定會導致疼痛。

膝蓋
腳掌落地方式錯誤，也會導致疼痛。

腳踝
腳掌落地姿勢不安定會導致疼痛。

腳底
反覆落地的衝擊易導致腳底疼痛。

一旦出現疼痛症狀…

先暫停健走觀察狀況，待不會痛再繼續健走。沒有好轉的話，就休息 3 天～1 周的時間。

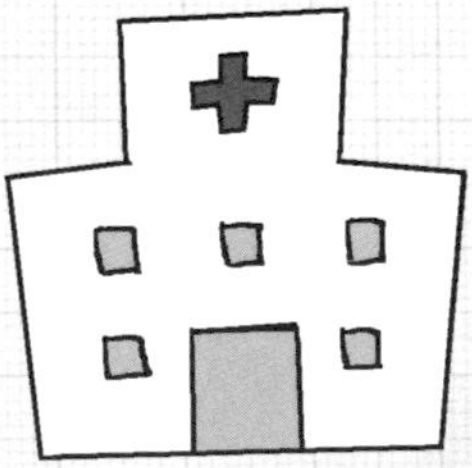

過了 3 天～1 周後，若疼痛消退就先輕鬆健走；若還是疼痛就請直接就醫。

2 長水泡多與鞋子和姿勢錯誤有關

造成水泡的原因

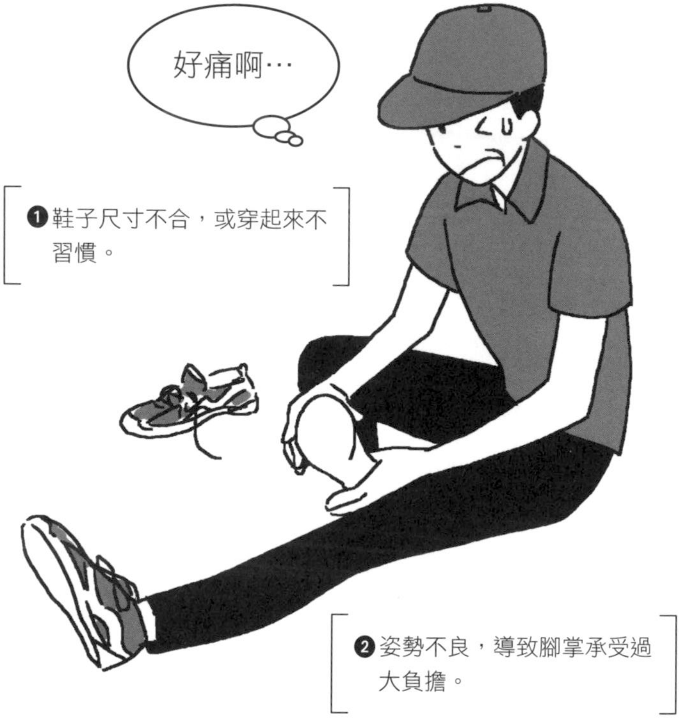
好痛啊…
❶鞋子尺寸不合，或穿起來不習慣。
❷姿勢不良，導致腳掌承受過大負擔。

剛開始健走的人，幾乎都體驗過「長水泡」的痛苦。

一旦行走時感覺足部發燙疼痛，這就是長水泡的證據。置之不理的話，可能會破皮受傷。

原則上，長水泡的原因有：一、鞋子尺寸不合，或二、姿勢不良導致足部承受負擔。

原因一的情況下，穿上合腳的鞋子是最好的預防方法。如果是新鞋，待穿習慣後或鞋子比較軟

預防長水泡的方法

穿上合腳的鞋子，注意行走的姿勢。

準備替換用的襪子，走到流汗或足部發熱時就替換。

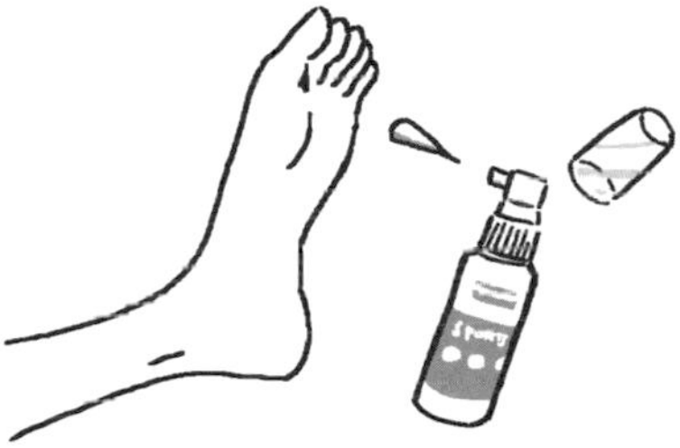

塗抹預防水泡的軟膏。

在患部貼上 OK 繃或膠布。

後再穿去健走；或者準備一雙替換的襪子，一流汗發熱就拿來替換也有預防效果。不過，木棉的襪子質地粗糙，請穿化纖或純棉的襪子。

若是原因二的情況，則必須糾正錯誤姿勢，使自己行走時姿勢能更為安定（詳見四十四頁）。

萬一長水泡了，不要撕下皮膚，最好的處置方式是直接消毒貼上OK繃。

預防水泡很重要。

3 請穿合腳的鞋子，避免腳破皮

❶將腳掌放在垂直線上

在紙上畫出垂直線，腳跟的中心擺在交叉點（A）上面，立正站好。

❷測量腳長

將三角尺放在直線上，抵住最長的腳趾。在直線和三角尺的交叉點（B）畫記號。這個記號到腳跟的長度，就是正確的足長（足部尺寸）。

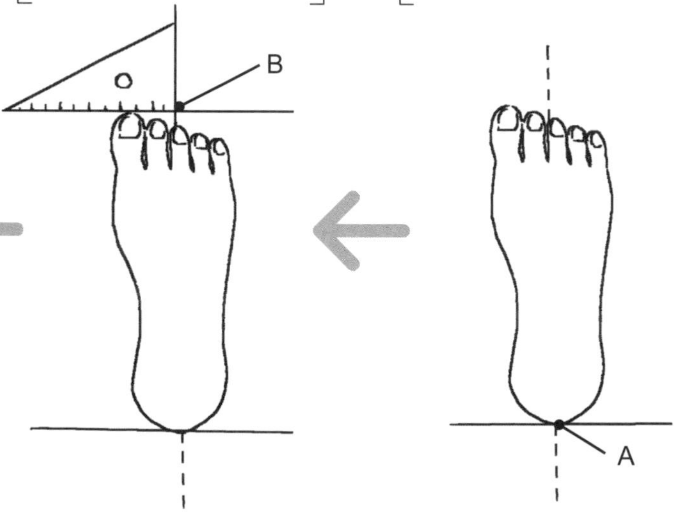

「破皮」和「長水泡」都是健走時容易引起的傷害之一。這是足部皮膚和鞋子摩擦，導致皮膚紅腫的症狀。

原因多半是鞋子不合腳、換新鞋、足部在鞋子裡流汗悶熱所致。

預防破皮和預防水泡的方法一樣，就是穿合腳的鞋子。

要選擇合腳的鞋子，首先必須瞭解自己的足長、足寬、足圍。請依照上圖，使用三角尺或皮

如何正確測量足部大小？

❸測量足寬

測量大姆指最突出的關節（C）到小姆指最突出的關節位置（D）。這一段距離，就是所謂的足寬。

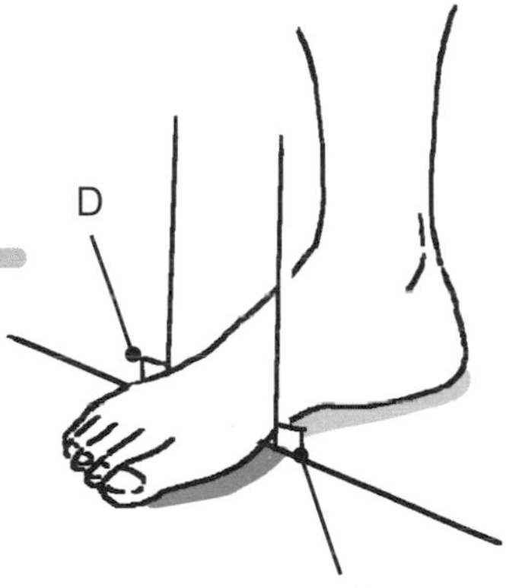

❹測量足圍

用皮尺繞過 C 到 D 的這兩點，測量足圍。瞭解正確的腳掌大小，就不用擔心長水泡或破皮了。

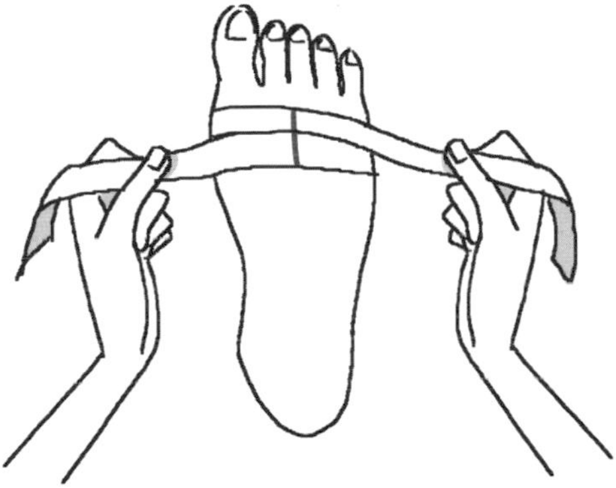

尺，測量正確的足部大小。

另外，最好也測量整個下盤或腳底，例如X形腿、O形腿、扁平足、厚腳背等，不同腿形或足形，根據自身的情況，選擇適合的鞋子。

若自己不方便測量，也可以到大型鞋店尋求足測專家幫忙，請教適合自己的鞋款。

Point

瞭解自己的足部尺寸，再來挑選鞋子。

4 背負重物健走，會造成肩頸痠痛

肩頸痛的原因

❶姿勢不良

健走時身體前傾，頭部的重量會帶給頸部沉重負擔。

❷背包太重

包包或背包太重時，對脖子和肩膀的壓力也很大。

健走時的姿勢不正確，有可能導致頸部疼痛。

人類的頭部約五公斤重，頸部必須支撐這個重量。基本上，姿勢端正筆挺，頸部不會有什麼太大的問題；但錯誤的姿勢，會加重頸部的負擔。

而健走時身體前傾，負擔會更加龐大，頸部也就容易感到疼痛。因此，請用眺望遠方的姿勢，抬頭挺胸健走吧！

另外，背著重物行走，也會增

如何平均分攤背包重量？

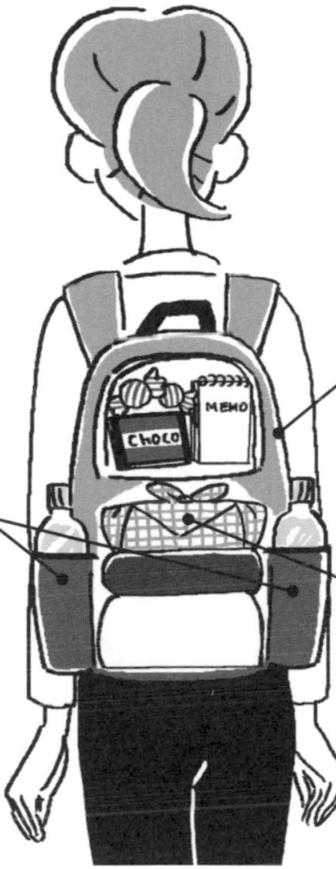

左右平衡

平均分配背包的左右重量，避免其中一邊過重。

飲料

飲料的重量，常是導致左右不平均的主因。請在左右邊各放一罐 350 毫升的飲料，輪流飲用來保持重量均衡。

重量平衡

重的東西放上面，輕的東西放下面，可減輕腰部和肩膀的負擔。

加頸部和肩膀的負擔。

背著背包健走時，請選擇合身的款式，盡量不要放太多不必要的物品。另外，在裝入物品時要平均分配左右的重量，並且將重的物品放在上面。

而飲料既沉重又不好擺放，但可以在左右邊各放一罐三百五十毫升的飲料，兩罐輪流飲用就不會有一邊過重，可保持均衡健走。

Point

- 身體不要往前傾。
- 背包的左右重量要保持均等。

5 調配重心，可減少膝蓋衝擊

膝蓋疼痛的原因

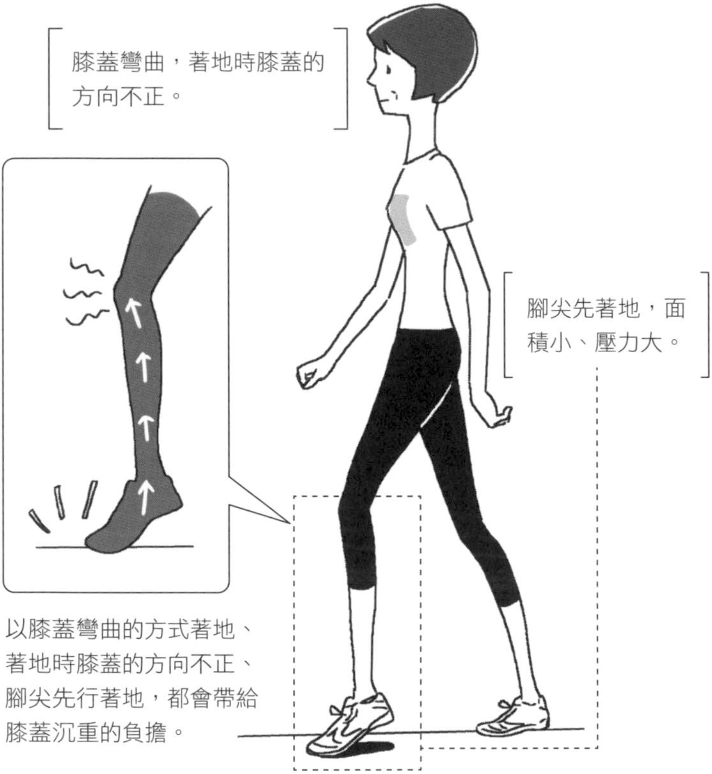
膝蓋彎曲，著地時膝蓋的方向不正。
腳尖先著地，面積小、壓力大。

以膝蓋彎曲的方式著地、著地時膝蓋的方向不正、腳尖先行著地，都會帶給膝蓋沉重的負擔。

從事健走運動的人之中，不少人都有關節痛的煩惱。其中，膝關節疼痛的人口最多。

同樣是膝蓋疼痛，依照不同部位有不一樣的原因，大多是「著地的方式」有問題。

膝蓋彎曲著地、膝蓋的方向不正、腳尖先行著地，以上都會造成腿部無法吸收衝擊，帶給膝蓋沉重的負擔；這就是造成膝蓋疼痛的原因。

如何減輕膝蓋負擔？

膝蓋伸直，腳尖和膝蓋朝向前方，腳跟先著地。

以正確的姿勢行走，可吸收著地時的衝擊，減輕膝蓋的負擔，預防疼痛。

【預防膝蓋疼痛的伸展運動】

伸展膝蓋，上半身前傾，雙手向前扳動腳尖。

坐在椅子上抬起單腳，整隻腳在出力伸直的狀態下停留 10 秒。

如同六十六頁的解說，著地時膝蓋要伸直，腳尖和膝蓋要朝向前方，以腳跟先行著地。用正確的姿勢行走，才能吸收衝擊減輕膝蓋負擔。

另外，我也推薦預防膝蓋疼痛的伸展運動。請坐在椅子上抬起單腳，在整條腿出力伸直的狀態下停留十秒。如此持續這種鍛鍊，便可有效預防膝蓋疼痛。

調配重心減少衝擊，膝蓋負擔自然減輕。

6 步距過大，會造成髖關節疼痛

對腰部負擔沉重的姿勢

❶ 上半身過度後仰

太過刻意抬頭挺胸，導致身體後仰，是腰痛的主因。

後仰超過身體軸心，增加腰部的負擔。

❷ 步距太大

步距太大，導致上半身重心失衡，是腰痛和膝蓋痛的主因之一。

步距過大，對髖關節和腰部的負擔也大。

隨著年紀增長，很容易有腰部和髖關節疼痛的問題。這雖然不是什麼罕見的事情，但也有人是健走後，才開始感到疼痛的。

健走本來是為了健康而進行的運動，若受傷疼痛可就得不償失了。為了避免類似情形發生，我們必須特別注意健走的姿勢。

健走所導致的腰部或髖關節疼痛，其中一個原因就是姿勢不良。

例如，有些人想保持良好的姿

減輕腰部負擔的姿勢

保持良好的姿勢和步距，自然不容易腰痛。

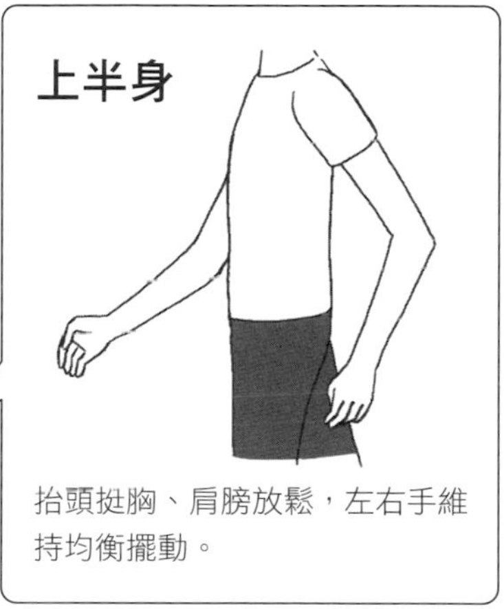
上半身
抬頭挺胸、肩膀放鬆，左右手維持均衡擺動。

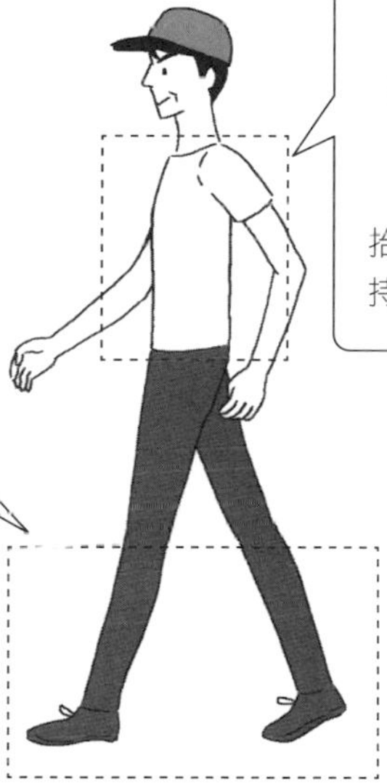

步距
通常是身高減去一百到九十公分，就是適合的步距。

注意

步距因人而異，不要勉強。

勢，結果上半身過度後仰。過度的後仰會增加腰部負擔，請各位多加留意。

另外，還要留意步距太寬的問題。健走時勉強加大步距，會導致上半身重心失衡，形成腰痛或髖關節疼痛的原因。基本上正常的步距，是身高減去一百到九十公分左右。

Point

- 身體不要後仰。
- 不要刻意加大步距。

7 勤做伸展運動，可預防抽筋

從事激烈運動時，小腿肌肉有痙攣的可能，也就是所謂的「抽筋」狀態。隨著年紀增長，肌力和持久力衰退，光是過普通生活都會導致肌肉疲勞了，因此，抽筋的症狀也越容易發生。

萬一在健走時抽筋了，要立刻停下來讓肌肉休息。待疼痛緩和後，再用雙手扳住腳尖向後拉。持續伸展小腿，就能緩解痙攣症狀；回家後記得用熱毛巾蓋住患

如何處理腳抽筋？

❶ 伸展小腿

膝蓋伸直，雙手扳住腳尖向後拉。小腿持續伸展，可緩解痙攣的部位，減輕疼痛。

❷ 用毛巾按摩

回家後，用毛巾溫熱患部按摩，預防再次抽筋。

預防抽筋的方法

❶暖身及伸展運動要確實執行

健走前要活化肌肉和血液循環，健走後稍微活動肌肉，可加速消除疲勞。

❷積極補充水分

水分不足會妨礙肌肉伸縮，這也是痙攣的原因。因此健走前和過程中，都要積極補充水分。

部按摩。

嚴格來說，抽筋是血液循環惡化、水分不足、礦物質不足所造成的症狀。換言之，做好暖身運動促進血液循環，亦有預防抽筋的功效。

另外，運動前和過程中也要充分補給水分，避免水分不足的情形發生，造成抽筋。

Point

一有異狀立刻停止健走，伸展小腿。

8 改用腹式呼吸，防止健走時過喘

身體肥胖，容易喘不過氣

身體肥胖的人，在運動時容易呼吸急促，喘不過氣。

推薦腹式呼吸法

「走路」這種行為，等於在搬運自己的身體，因此體重越重，運動量就越大，需要的氧氣量也就越多。

大家常說肥胖的人容易喘不過氣，這話說得一點也不假。只是，也有不少肥胖人士，在運動時經常呼吸急促，所以才會氣喘吁吁。

解決這個問題的關鍵，就是好好練習腹式呼吸法。

腹式呼吸的方法

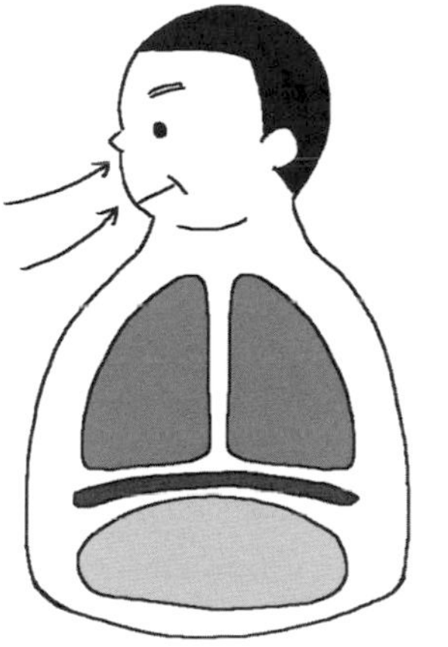

先從鼻子用力吸氣，使腹腔膨脹。

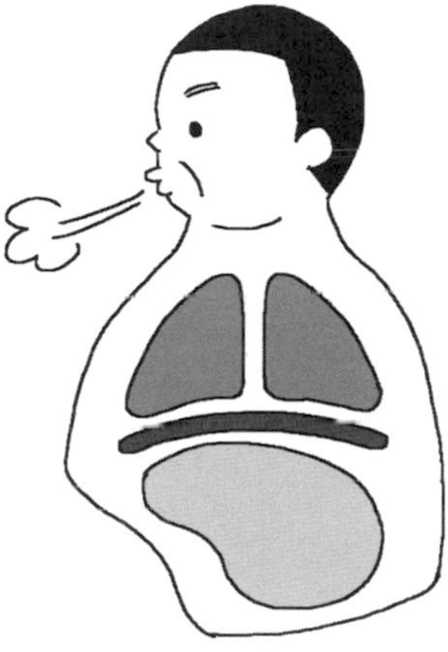

接著用嘴巴緩緩吐氣，收縮腹部。

若在健走時練習腹式呼吸太困難，不妨先坐在椅子上或躺著，用輕鬆舒適的姿勢練習。

小叮嚀

首先，伸直背脊後用鼻子大力吸氣，觀想丹田（肚臍下方）充滿空氣的感覺。接著，用嘴巴緩緩吐氣，收縮腹部。吐氣的關鍵是，要比吸氣多花兩倍的時間。

姿勢正確的話，腹式呼吸也更容易辦到。各位平常就要在生活中養成良好姿勢，習慣腹式呼吸法。然而，這種呼吸方式多少會對心臟造成負擔，請各位量力而為就好。

Point

做腹式呼吸時，要確實深呼吸。

9 積極補充水分，以免脫水中暑

什麼是脫水和中暑？

中暑

初期

腹部疼痛
呼吸急促
頭暈
臉頰發燙
肌肉痛
痙攣

後期

頭痛加劇
頭暈加劇
失神
嘔吐感加劇
流汗不止
過度呼吸

脫水

初期

口渴
身體疲倦
排尿次數減少
頭痛
頭暈
想吐

後期

倦怠感加劇
頭痛加劇
想睡覺
排不出尿
痙攣

發生後期症狀前，要趕快就醫治療！

脫水和中暑是很恐怖的疾病，一旦惡化很可能會有生命的危險。

人類在高溫狀態下體溫上升，會排汗來控制體溫。這時體內流失大量水分和鈉，失去體溫控制的機能，這就是脫水症狀。

中暑則是脫水症狀在高溫下引起的併發症。

尤其，老年人體內的水分本來就比較少，很難發現自己口渴，因此也更容易脫水。萬一健走時

脫水、中暑的預防和解決方法

最好的預防方法就是勤加補充水份，最好每 15 分鐘補給一次。

❶首先，在出發前補充水分。
❷在健走過程中，感到口渴要馬上喝水；或是在口乾舌燥前慢慢補充水分。
水
運動飲料

小叮嚀

假如從事長時間健走，需要 1 公升以上的水分補給，最好準備水和運動飲料等不同種類的飲品，這樣比較不容易喝膩。

身體不適，請找陰涼處鬆開衣物，休息並補充水分。

勤加喝水，是預防脫水和中暑的關鍵。

在健走開始前補充水分，過程中一旦口渴也要馬上補給。就算不覺得口渴，最好每十五分鐘補給一次為宜。

Point

就算不會口渴，也要補充水分。

10 留意體溫調節，避免失溫

所謂的失溫，是體溫調節失能，身體無法保持常溫的症狀。

初期症狀是畏寒和發抖，繼續嚴重下去就會無法站立和行走，最終導致昏睡狀態和死亡。

一般人都以為失溫是冬季爬山的症狀，其實健走時也有失溫的可能。尤其在寒冬中穿著流汗的運動服持續健走，或是被寒風吹拂，都有可能造成體溫驟降。

在寒冷的天氣時，以增減衣物

失溫的等級

程度	體溫	意識	發抖	呼吸・脈搏
輕度	35～32℃	有	有	有
中度	32～28℃	異常・低下	低下・無	有
重度	28～24℃	×	×	○
最重度	24～15℃	×	×	×

身體的深處（食道或直腸）的體溫在攝氏35度以下，就稱為「失溫」症狀；老年人在冬天時特別容易發生。

預防失溫的方法

❶ 一開始先穿厚的衣物行走

小叮嚀！

外衣選擇防風性高的衣物，內衣褲盡量穿著保溼吸汗性能佳的款式。

❷ 覺得熱再脫掉

❸ 待會冷再穿起來

來調整體溫，避免身體流汗受凍。另外，在風大的日子最好準備防風和排汗性佳的運動服，以免汗水弄濕衣服，又吹風著涼。

此外，老年人對寒冷的感覺較為遲鈍，也缺乏產生熱量的肌肉，因此特別容易失溫。因此建議老年人在低溫的日子時，最好不要在戶外健走。

Point

- 增減衣物來調節體溫。
- 寒冷時避免在外健走。

PART
4 本章重點

□ 一有受傷或疼痛的症狀，先停下來休息觀察狀況。

□ 「水泡」是鞋子的穿法或姿勢不良所引起的。

□ 穿上合腳的鞋子，可預防「破皮」。

□ 姿勢不良、背負重物是造成「頸部或肩膀」痠痛的原因。

□ 錯誤的著地方式，會傷到「膝蓋」。

□ 「腰部和髖關節」疼痛時，請重新調整姿勢。

□ 腳「抽筋」時，做伸展運動能緩解疼痛。

□ 用腹式呼吸法，可預防「喘不過氣」的情形發生。

□ 勤加補給水分，預防「脫水和中暑」。

PART 5

享受健走的 7 大方法

一旦養成健走習慣的人，如果不到戶外活動就會坐立難安。但是究竟要如何養成長久健走的習慣，甚至將健走當成一種樂趣，盡情享受呢？本章要進一步教大家享受健走樂趣的訣竅。

1 嘗試在日常生活中融入健走

是否能養成健走習慣，端看各位能否在日常生活中，自然融入健走運動。刻意鼓起幹勁健走，反而不容易持之以恆。

那麼，該如何將健走運動融入生活中呢？首先，在自家附近行走時花點巧思吧！

例如：我們每天買東西，習慣到自家附近的超商或商店街，偶爾不妨走到稍微遠一點的超級市場購物。移動距離拉長，行走步數也會跟著增加。

此外，若是搭電車通勤的讀者，則可以提早一個車站下車，多走一站的距離。發現新店面或捷徑是很有趣的事情，事先確認地圖就不用擔心迷路了。

總而言之，一切端看各位的創意。試著發揮各種巧思，絕對可以增加健走的機會。

Point

發揮各種巧思，
就能增加健走的機會。

將未知路線，納入健走路程中

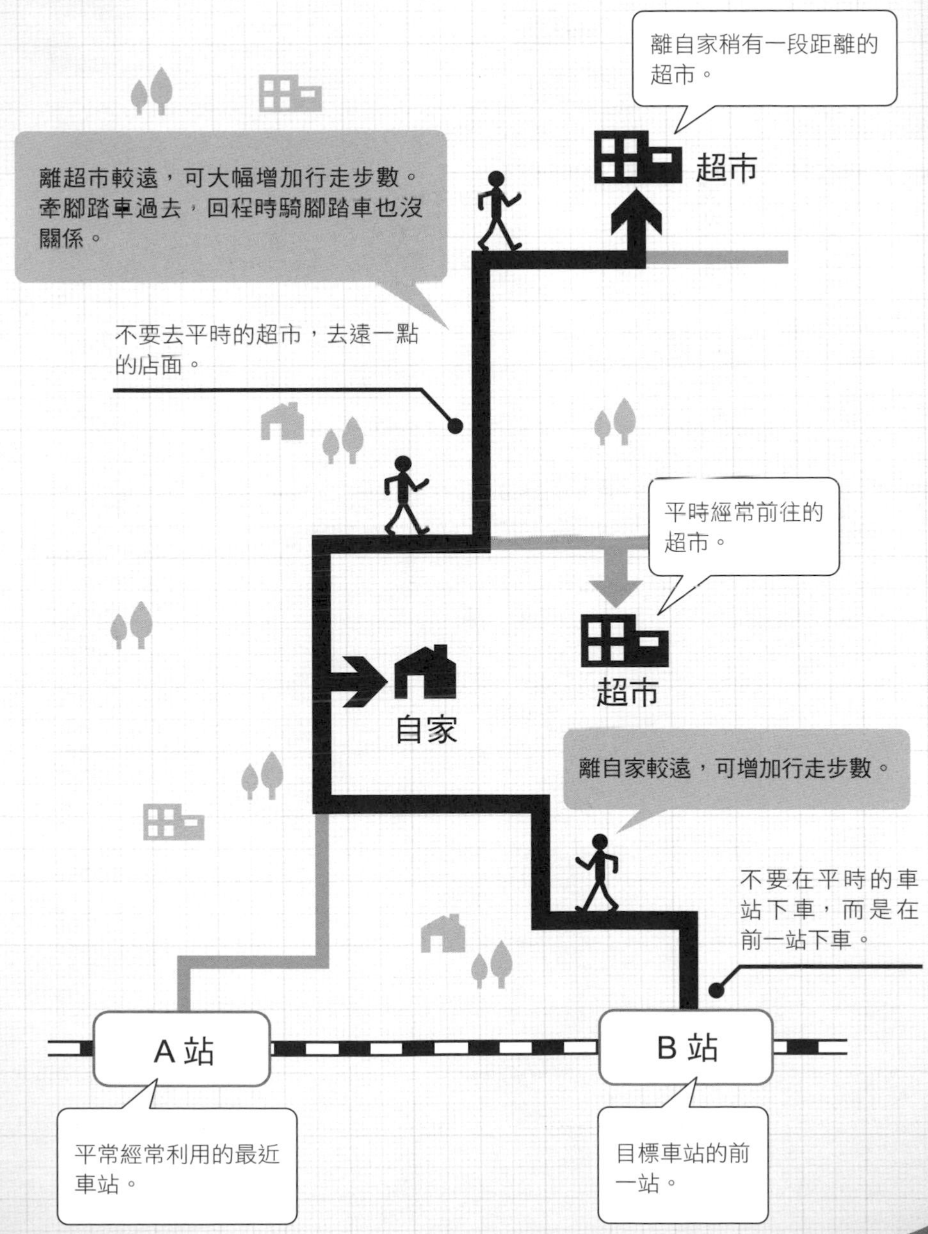
離自家稍有一段距離的超市。
超市
離超市較遠，可大幅增加行走步數。牽腳踏車過去，回程時騎腳踏車也沒關係。
不要去平時的超市，去遠一點的店面。
平時經常前往的超市。
超市
自家
離自家較遠，可增加行走步數。
不要在平時的車站下車，而是在前一站下車。
A 站
B 站
平常經常利用的最近車站。
目標車站的前一站。

2 配合自身興趣，尋找健走地點

對歷史感興趣的人

走到附近的神社或寺廟，也是不錯的選擇。就算不是著名的寺廟，也能感受到當地的歷史。另外，大多數的寺廟周圍都有綠蔭，也是接觸自然的好機會。

有一種增加健走機會的方法是，就是將自己的興趣和健走結合在一起。

例如：對歷史感興趣的人，不妨走去參觀鄰近的神社、寺廟、墓地、舊城遺址等地。在健走的過程中，說不定會接觸到至今不熟悉的鄉土歷史。

造訪博物館或鄉土資料館也不錯。如果是大型博物館，光是繞一圈就能走不少路。

對藝術感興趣的人

積極參加展覽或音樂會。在前往會場途中，以及在會場裡都有機會健走。城市裡也有頗具價值的建築物和紀念碑，走去觀賞也是不錯的選擇。

對美術或音樂有興趣的人，可以多去美術館或音樂廳。喜歡繪畫和攝影的人，想必會走上一段距離尋找美好的景點。

另外，走路尋找有特色的建築物和藝術品也不錯。調查那些物品的建造時間和作者，也是很有趣的事情。

Point

配合興趣健走，樂趣自然加倍。

3 利用小道具，增添新鮮感

健走很長一段時間後，難免會感到厭倦。這時，請利用各種小道具保持新鮮感。

例如：小冊子或筆記用具。當各位找到氣氛不錯的咖啡廳或雜貨店，記下該店鋪的名稱或公休日。或者，在空白頁畫上漂亮的花草，事後拿出來看還可以重溫當初的記憶。

帶著地圖走也不錯，在陌生的場所健走時，利用地圖先規劃路線也是一種樂趣。查閱自家附近的地圖，說不定會有意外的發現。現在行動電話或智慧型手機也有地圖功能，但我個人建議準備紙本地圖，這樣比較方便寫下自己的新發現或心情感受。

照相機也是不錯的道具，看到有趣的東西都拍下來吧！好比青山、浮雲、小狗、小貓等。久而久之，就能集成一本美妙的健走相簿。

Point

帶著便利有趣的道具，一起健走吧！

健走時適合帶在身上的道具

小冊子或筆記用具

能記下在健走時發現的商店，或是畫下印象深刻的植物等。

地圖

在陌生的場所健走，或是在自家附近健走，帶著地圖會有意想不到的新發現。

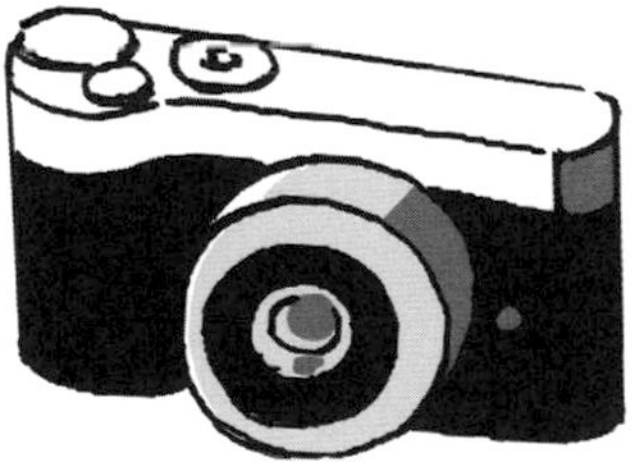

照相機

覺得手寫太麻煩，就用方便的照相機吧！行動電話或智慧型手機的照相功能，也可以拿來利用。

小叮嚀！

持續筆記或拍照，隔一段時間拿出來回味，也可以提升日後健走的熱忱。

4 報名健走活動，與同好互相交流

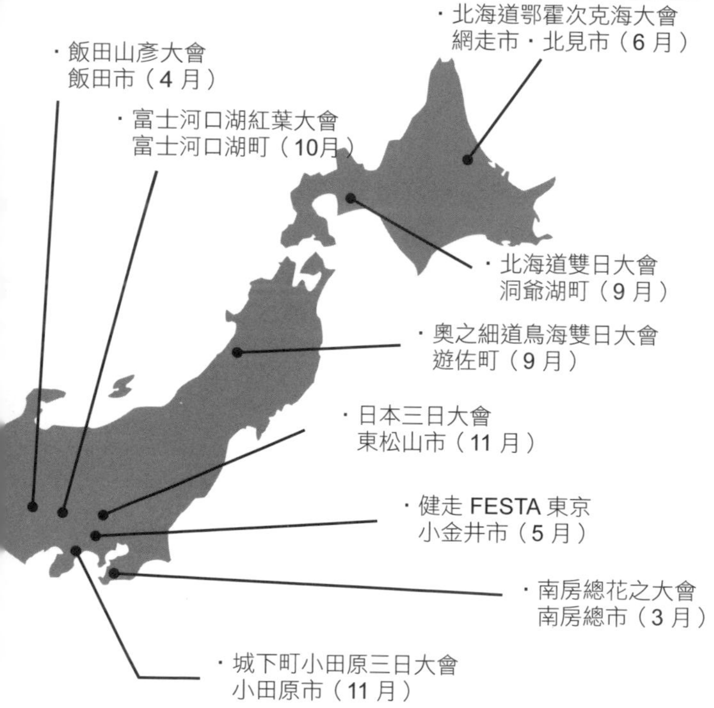
・北海道鄂霍次克海大會
網走市・北見市（6月）
・飯田山彥大會
飯田市（4月）
・富士河口湖紅葉大會
富士河口湖町（10月）
・北海道雙日大會
洞爺湖町（9月）
・奧之細道鳥海雙日大會
遊佐町（9月）
・日本三日大會
東松山市（11月）
・健走 FESTA 東京
小金井市（5月）
・南房總花之大會
南房總市（3月）
・城下町小田原三日大會
小田原市（11月）

上述的大會，是日本最有歷史的健走團體「日本健走比賽協會」舉辦的公式大會。該協會的用意是振興全國各地的健走大會，提供健走愛好者交流的地方。各項比賽的舉辦月份有可能更動，詳細請洽詢日本健走比賽協會事務所（03-5256-7855）（編按：臺灣讀者可上網查詢相關資訊http://www.jma2-jp.org/main/）。

想要找一起健走的伙伴，卻遲遲找不到同好嗎？一個人健走越來越無聊嗎？有這種煩惱的讀者，建議參加各式健走大會。

健走活動幾乎每個禮拜都會在各地召開，例如各地的自治團體發行的情報雜誌，或是網站上都有發佈各種活動的情報。活動數量遠超過各位預期，稍微找一下就找得到了。

參加活動可以享受多人同行健

日本國內主要健走大會

ウォーキング
マップの
決定版！

《美麗的日本健走大道五百精選》一書，介紹了日本健走協會選定認證的五百條路線，有首都圈和近畿版本。

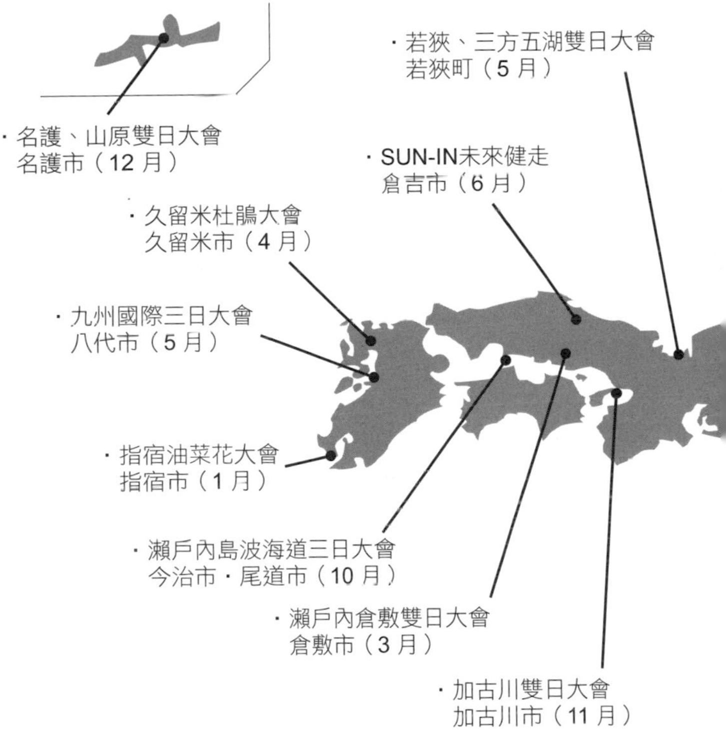

・若狹、三方五湖雙日大會
若狹町（5 月）
・名護、山原雙日大會
名護市（12 月）
・SUN-IN未來健走
倉吉市（6 月）
・久留米杜鵑大會
久留米市（4 月）
・九州國際三日大會
八代市（5 月）
・指宿油菜花大會
指宿市（1 月）
・瀨戶內島波海道三日大會
今治市・尾道市（10 月）
・瀨戶內倉敷雙日大會
倉敷市（3 月）
・加古川雙日大會
加古川市（11 月）

走的樂趣，和獨自一人健走的感受完全不同。

另外，和初次見面的人交流也是一大魅力。好比和附近的同行者閒聊，談談天氣之類的話題，向老手請教其他活動的資訊，討論健走的訣竅等。認識新朋友，培養良好的關係正是這類健走活動的樂趣。

Point

- 日本各地都有活動舉辦。
- 參加活動可以和同好交朋友。

5 邀請親朋好友一起走，樂趣更多

健走是可以獨自進行的運動；雖然這是健走的優點，但和其他人一起健走也是十分有趣的事情。

例如自己的太太、丈夫、小孩、朋友、同事、地方上熟識的人。試著尋找同好吧！找誰都沒關，一邊健走一邊聊天，保證能發現不一樣的樂趣。

喜歡獨自健走的人，也請好好珍惜認識朋友的機會。有時候在自家附近健走，會遇到各式各樣的人，見面的次數多了，說不定會成為點頭之交。鎮上多幾個這種朋友，就算偶爾沒有健走的心情，也會想出門去見見他們。

和醫師、保健師的關係也很重要。記得常和他們討論自己的身體狀況，請他們提供健走的相關建議。至於健走方法，可以請教健走指導者或前輩。

Point

獨自健走與同好健走，各有不同的樂趣。

認識不同生活圈的人

健走伙伴

找到一起健走的伙伴，擁有共同目標會更有幹勁。

妻子（丈夫）　孩子　孫子　同事　地方上的伙伴

健走時認識的對象

有時候會想看看他們，
而出門健走。

花店老闆　畫家　小狗

提供建言的人

負責諮詢健康管理的醫療相關人士，
或健走的指導者。

醫師　保健師　健走指導者

認識的人越多，走起來也越有趣。

小叮嚀！

想尋找健走同伴，先看看各自治團體的廣告雜誌，或網路的相關健走團體網頁，裡面都有不少尋找同好的資訊。

6 安全又有訓練效果的北歐式健走

在各種健走方式中，還有一種用雙手握桿的北歐式健走。這本來是北歐的越野滑雪選手在夏季練習時使用的鍛鍊方式。

方法是握住專用的桿子撐住地面，推動身體往前，然後重複上述這兩個動作前行。

由於握桿支撐部分的體重，可以減輕腳踝、膝蓋、腰部、背部的負擔，就算體能、肌力不佳的人也能安全健走。另外，這也是一種全身運動，其訓練效果比普通的健走更大。據說擁有促進血液循環，緩解頸部和肩膀痠痛的功效。

近年，各地陸續有舉辦北歐式健走的講座，以及活用自然環境的專用路線。有興趣的讀者不妨嘗試看看。（編按：臺灣讀者可上網站參考「台灣北歐式健走協會」http://www.tnwa.org.tw/）

Point

體力不佳的人，也能嘗試看看。

北歐式健走的功效

使用握桿健走，可獲得以下三種功效。

可增加手臂、肩膀等上半身肌肉的負擔，比普通的健走更有鍛鍊效果。

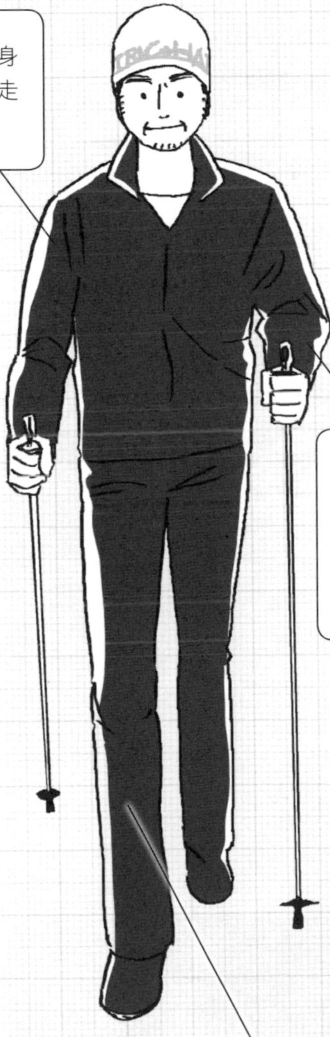

擺動手臂的幅度比普通健走更大，可促進頸部和肩膀血液循環，緩解痠痛不適症狀。

減輕腳踝、膝蓋、腰部、背部的負擔，安全性更高，降低受傷的機率。

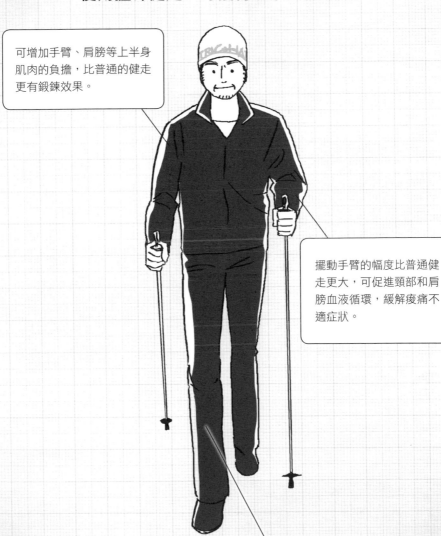

7 提高能量消耗的水中健走

不會游泳的人，也能享受水中健走的樂趣，這是一種有效消耗熱量的健走方式。

水中浮力可減輕肌肉和關節負擔，讓肥胖或瘦弱的人都能輕易運動。另外，在水中移動具有阻力，也是有效鍛鍊肌力的方法。

除此之外，體溫和水溫的溫差會刺激皮膚，促進體溫調節的機能。下盤承受的水壓會導致血液上升，消除腿部浮腫。

不過，千萬不要逞強運動，一下子就在水中長時間健走。最初在水深及膝或腰部的深度健走就好。

行走的速度，也先保持在緩慢和普通的步距。

此外，水溫會降低體溫，因此水中健走的時間也不要太長，先走十到十五分鐘為宜。

Point

活用水的浮力特性，享受不一樣的健走樂趣。

在水中健走的效果

在水中健走，擁有和陸上健走不一樣的效果。

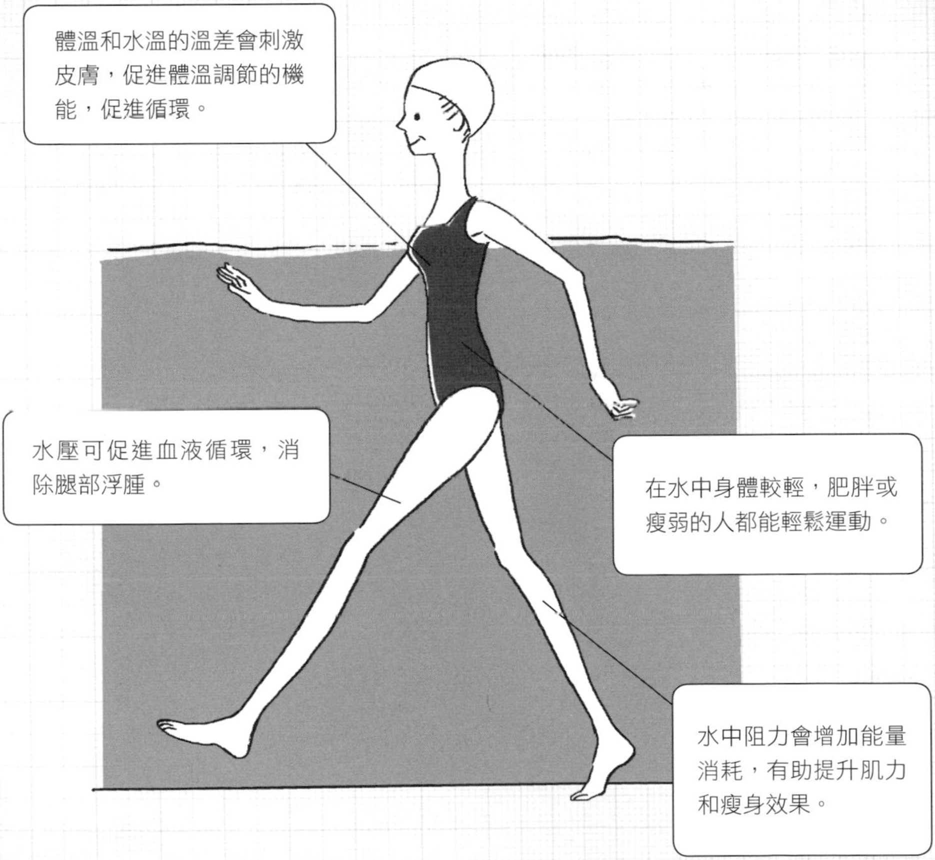

體溫和水溫的溫差會刺激皮膚，促進體溫調節的機能，促進循環。
水壓可促進血液循環，消除腿部浮腫。
在水中身體較輕，肥胖或瘦弱的人都能輕鬆運動。
水中阻力會增加能量消耗，有助提升肌力和瘦身效果。

小叮嚀

剛開始嘗試的人，請使用浮板健走，走起來會更加平穩順暢。

PART 5

本章重點

- ☐ 將健走融入日常生活之中。
- ☐ 配合興趣執行，更容易養成習慣。
- ☐ 搭配各式道具，增加健走樂趣。
- ☐ 參加活動和同好互相交流。
- ☐ 找親朋好友一起走，走起來更有趣。
- ☐ 北歐式健走既安全且成效又好。
- ☐ 在水中健走，活用水的特質也是好方法。

HealthTree
健康樹 健康樹系列 089

走路是靈藥，治百病的對症健走自療法

怎麼走？才能有效改善糖尿病、高血壓、痛風、憂鬱症……等15種常見疾病

ゼロから始める「医師が教える」ウォーキング

監　　修　西田潤子
譯　　者　葉廷昭
總 編 輯　何玉美
選 書 人　周書宇
責任編輯　周書宇
封面設計　張天薪
內文排版　菩薩蠻數位文化有限公司

出版發行　采實出版集團
行銷企劃　黃文慧・陳詩婷・陳苑如
業務發行　林詩富・張世明・吳淑華・何學文・林坤蓉
會計行政　王雅蕙・李韶婉
法律顧問　第一國際法律事務所　余淑杏律師
電子信箱　acme@acmebook.com.tw
采實ＦＢ　http://www.facebook.com/acmebook

ＩＳＢＮ　978-986-94644-7-5
定　　價　280 元
初版一刷　2017 年 7 月
劃撥帳號　50148859
劃撥戶名　采實文化事業有限公司
104 台北市中山區建國北路二段 92 號 9 樓
電話：02 2518-5198
傳真：02-2518-2098

國家圖書館出版品預行編目資料

【全圖解】走路是靈藥，治百病的對症健走自療法 / 西田潤子作 ; 葉廷昭譯. -- 初版. -- 臺北市 : 采實文化, 民106.07
面 ;　公分. -- (健康樹系列 ; 89)
譯自 : ゼロから始める「医師が教える」ウォーキング
ISBN 978-986-94644-7-5(平裝)

1.運動健康 2.健行

411.712　　106006111

采實出版集團
ACME PUBLISHING GROUP

ZERO KARA HAJIMERU "ISHI GA OSHIERU" WALKING

50年資深牙醫醫療經驗、知名部落格實例爆料！

戳破牙醫行銷話術，
與賺錢重於醫療的扭曲亂象

齋藤正人◎著／蔡麗蓉◎譯

明明沒生病，為何還是覺得好累？

疏通人體七大部位，
找回自信心、安全感、行動力

王羽暄（Nicole.W）◎著

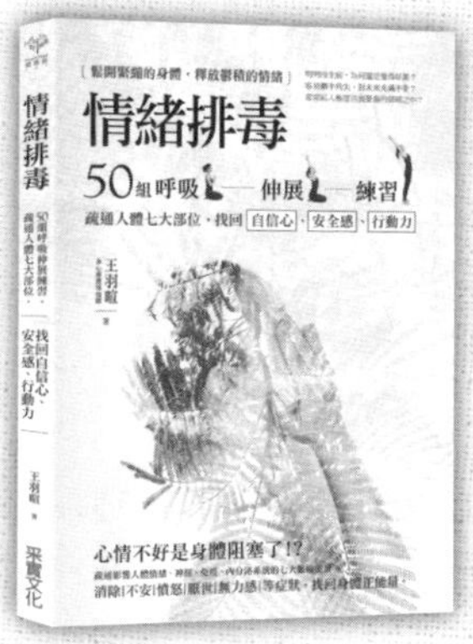

糖尿病友、高血糖患者、體重控制必備！

隨翻即查，掌握和體重最相關的 5 個數字

大櫛陽一◎著／李池宗展◎譯